中国环境宏观战略研究

环境信息保障专题研究报告

环境保护部信息中心/编

中国环境科学出版社 · 北京

图书在版编目（CIP）数据

中国环境宏观战略研究：环境信息保障专题研究报告/环境保护部信息中心编. —北京：中国环境科学出版社，2011.6
ISBN 978-7-5111-0036-8

Ⅰ. 中… Ⅱ. ①环… Ⅲ. ①环境管理：宏观管理—专题研究—研究报告—中国 Ⅳ. X321.2

中国版本图书馆 CIP 数据核字（2009）第 115489 号

策划编辑 徐于红
责任编辑 张 杰
责任校对 扣志红
封面设计 玄石至上

出版发行 中国环境科学出版社
（100062 北京东城区广渠门内大街 16 号）
网 址：http://www.cesp.com.cn
联系电话：010-67112765（总编室）
发行热线：010-67125803，010-67113405（传真）
印 刷 北京中科印刷有限公司
经 销 各地新华书店
版 次 2011 年 6 月第 1 版
印 次 2011 年 6 月第 1 次印刷
开 本 787×1092 1/16
印 张 7.25
字 数 105 千字
定 价 38.00 元

编审单位及人员

专题编写单位

环境保护部信息中心

责任专家

宋铁栋　　主任　　环境保护部信息中心

首席专家

徐富春　　副主任/研究员　环境保护部信息中心

专题顾问

孙九林　工程院院士　　中科院地理科学与资源研究所

郝吉明　工程院院士　　清华大学

秦　海　司长/博士　　国务院信息化工作办公室

苏　竣　教授/博士生导师　　清华大学

专题研究人员

徐　敏	综合室副主任/高级工程师	环境保护部信息中心
王丽平	高级工程师	环境保护部信息中心
花　维	工程师	环境保护部信息中心
刘立媛	工程师	环境保护部信息中心
符春艳	工程师	环境保护部信息中心
芦　琰	工程师	环境保护部信息中心
董　涛	主任/高级工程师	陕西省环境信息中心
张　咏	生态部部长/高级工程师	江苏省环境监测中心
程子峰	研究员	中日友好环境保护中心
王建国	研究员	环境保护部政策研究中心
李国良	应用室主任/高级工程师	环境保护部信息中心
李　蔚	网站室主任	环境保护部信息中心
陈煜欣	网站室副主任	环境保护部信息中心
张　波	博士/高级工程师	环境保护部信息中心
傅　宁	总经理/高级工程师	北京思路创新科技有限公司

目　录

一、环境信息化与环境保护历史性转变

（一）对环境信息化的基本认识

信息化可分两个关键词来理解："信息"，"化"。"信息"在此应该包括信息技术和信息资源两层含义。而"化"通常是指在历史的某一特定的阶段，在人类的社会生活中，发生的全面的、根本性的变革过程。"信息化"就是指通过信息技术的应用与渗透，信息资源的开发与利用，而带动变革的过程。

信息化的三大要素是信息技术、信息资源和信息服务。

其中，信息化核心技术包括微电子技术、计算机技术、网络与通信技术和软件技术。

信息资源是一种能重复利用、共享、分布和交换而不会损失价值的资源，是信息的总和。信息以数据为本，又具有数据涵义之外的特点。信息不是物质也不是能量，它独立于物质和能量存在，信息资源与材料、能源一起并称为"三大资源"。信息资源具有共享等自然属性，取之不尽，用之不竭，在开发利用中不断增值，完全不同于材料和能源的自然属性。

信息服务是信息资源经过开发利用形成信息产品的一种表现方式，信息资源通过信息服务实现价值最大化和增值，因此，信息资源开发利用是信息化的必然选择、核心任务和根本目的。

环境信息化就是利用信息技术，充分开发利用环境信息资源，通过环境信息服务推动并促进环境保护工作又好又快地发展。

信息化发展的根本出路是"融合之道"，通过与信息服务对象的融合，推动并促进对象发展，从而发展自己。环境信息化的发展策略也是融合，通过与环境保护工作有机融合起来，在推动发展环境保护工作的过程中，环境信息化自身也得到发展。

"融合之道"就是相互依存、相互促进、相互发展的辩证之道。"融合"的中文意思是“融通”与“合作”。

环境信息化与环境保护工作有机融合就是不断在新的层次上改造、改善和改革环境管理思想、流程、方法和效率的过程。

环境信息化是加快实现环境保护工作现代化的有力武器，在环境保护工作中的三个层面发挥重要作用：一是充分开发利用环境信息资源，准确了解和把握环境保护工作的状况和趋势，科学决策；二是把环境信息资源与环境管理要素相结合，提高环境管理效率和效益；三是通过环境信息服务，转变政府职能，实现政务公开，推动建立服务型政府。

环境信息化及其作用见图 1。

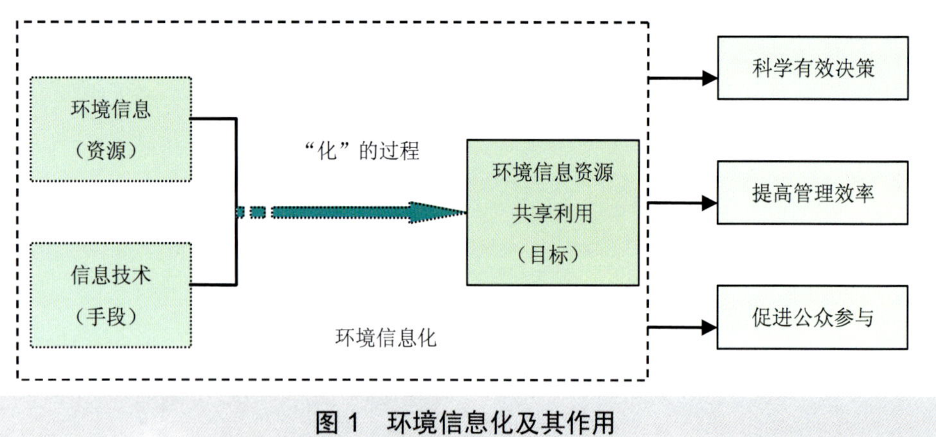

图 1　环境信息化及其作用

当前，我国的环境形势依然严峻，污染物超标排放、突发性污染事件频繁发生、全球气候变化的国际压力已成为制约我国环境保护事业向前发展的几大主要因素。我们可以看到，在政治层面，环境保护已经成为国家战略，融入到科学发展的具体实践，成为构建和谐社会的重要内容。在政策层面，环境保护已经影响到经济社会发展决策，渗透于生产、流通、分配、消费的全部环节，对经济结构调整和增长方式转变产生重要作用。在制度层面，环境管理体制和机制正在改革和创新，环保投入进一步增加，法律法规不断完善。在技术层面，国家正在组织十大环境工程，与十大节能工程互相映衬，依靠科技进步，提高环境综合治理能力。环境保护正在迎来一个战略机遇期，环境管理的各项基础能力都将有较大提高。

有效解决日益严重的环境问题，满足广大人民群众对环境质量的更高要求，实现“并重、同步、综合”的历史性转变，其根本途径是加强环境管理，有效提高环境管理工作效率和科学决策水平。而实现环境管理核心业务信息化和环境综合决策科学化，促进和优化环境管理工作，调整工作流程，提高工作效率，这些都离不开环境信息化的保障与支撑。

党中央、国务院高度重视国家信息化建设，把大力推进信息化作为我国在21世纪头二十年经济发展和改革的一项主要任务。由于环境资源是国民经济和社会发展中的重要资源，环境保护是科学发展重要的支撑，环境保护面临着全面现代化的发展态势，实施环境信息化发展战略，不断与时俱进，才能赢得环境保护的发展，推动环保战略目标的实现。

环境保护历史性转变强调了要运用法律、经济、技术和必要的行政手段解决环境问题。信息化作为一种技术手段，目前是环境保护工作中的“短板”和“薄弱”环节，如不尽快改变现状，将会制约环境保护工作发展。利用信息化解决环境管理中的问题，也是环境保护工作发展的需要。

（二）环境信息化在环境保护历史性转变中的战略意义

党的十七大报告强调指出，当前经济增长的资源环境代价过大已成为制约经济社会发展的首要问题，要坚持走生产发展、生活富裕、生态良好的文明发展道路，建设资源节约型、环境友好型社会，在全社会牢固树立生态文明观念。这表明环境保护作为基本国策已经进入国家社会经济生活的主干线、主战场和大舞台。但在看到机遇的同时，也必须看到环境保护面临的巨大压力和挑战。从全局来看，环境污染仍然严重。长期积累的环境问题尚未解决，新的环境问题又在不断产生，一些地区环境污染和生态恶化已经到了相当严重的程度。流经城市的河段普遍遭到污染，1/5 的城市空气污染严重，1/3 的国土面积受到酸雨影响，全国水土流失面积 356 万 km^2，沙化土地面积 174 万 km^2，90%以上的草原退化，生物多样性减少。污染物排放总量居高不下，突发性环境事件及群体性事件进入高发期，人民群众对环境质量的期望和关注度越来越高。

面对环境保护的新形势，传统管理手段与方法已远不能适应环境保护工作的要求。四川沱江的氨氮污染、松花江的有机污染、北江镉污染、太湖蓝藻暴发造成无锡供水危机事件等，严重暴露出我国环境监管手段、信息传输能力以及应急处置等环节的缺陷。有效解决日益严重的环境问题，满足广大人民群众对环境质量的更高要求，实现“并重、同步、综合”的历史性转变，其有效途径是依法加强环境监管，利用先进技术和方法，有效提高环境管理工作效率和科学决策水平。而提高工作效率和环境科学决策水平需要优化环境管理工作，调整工作流程，实现环境管理核心业务信息化，大力开发利用环境信息资源，这些都离不开环境信息化的保障与支撑。如建立环境执法监督系统，有利于整合执法资源、掌握执法证据、推动环保执法的规范化，有利于加大制度的执行力度和信息共享，促进执法公开公正，提高环境执法的公信力；建立环境实时监测和环境突发事件应急指挥系统，有利于及时预警、发现环境突发事件，有利于对环境突发事件做出快速反应，对事件的影响程度和危害性做出正确估计，有利于正确、有效地指挥处置环境突发事件，保障国家环境安全；通过建设环境信息传输保障系统，有利于突破环境管理时间和地域限制，最大程度保障环境信息的客观性、真实性。

可见，环境信息化是提高环境监管水平、环境执法能力和应急响应能力的有力武器，环境信息化建设已成为做好新时期环境保护工作的一项基础能力建设。

1. 环境信息化是实现环境保护历史性转变的内在需求

温家宝总理在第六次全国环保大会上强调指出，做好新形势下的环保工作，关键是要加快实现“并重”、“同步”、“综合”三个历史性转变。历史性转变是科学发展观在环境保护领域的集中体现，迫切需要环境保护转变思路、改变环境管理方式。

加快实现环境保护历史性转变，亟须积极运用包括信息技术在内的综合管理方式。通过推进环境信息化，发挥信息化对于调整业务流程、实现业务重组的重要作用，有利于调整优化环境管理流程，变更环境管理方式，提高环境管理效率，有利于促进环境保护事业实现跨越式发展。

当前，环境信息化发展水平低下，环境信息技术基础薄弱、手段落后，不能适应新时期环境保护工作的需要，若不加以重视，势必成为实现环境保护历史性转变的“短板”。因而环境信息化是环境保护实现历史性转变的内在需求。

2. 环境信息化是提高环境保护宏观决策水平的有效途径

我国当前的环境形势十分严峻和复杂。在人与自然矛盾凸显、环境安全问题高发的时期，能够积极防范环境污染事故，迅速、高效、有序地开展污染事故的预警和应急处理，科学地作出决策显得尤为重要。

在科学决策过程中，信息的获得、传递和处理始终占据重要的位置。科学决策首先要求决策信息的准确性和实效性。充足的、准确的信息将直接影响到决策的科学化程度，是科学决策得以实现的必要条件。从哲学意义上讲，事实胜于雄辩，没有调查就没有发言权，只有掌握了真实、充分的信息，并科学、系统地加以分析，去粗取精，才能作出科学决策。

而环境管理工作是信息高度集成和综合的过程。环境信息作为一种重要的资源，正在各级环境保护管理部门中得到广泛的应用。随着工作的不断深入，将会有大量的历史信息汇集以及新的信息产生，而这些信息来源于调查、监测、监管工作的各个阶段和多个部门。因此，必须利用当今先进的信息技术，将各类环境数据进行有效的整合及合理的部署，进而充分发挥计算机技术对信息综合处理的能力，为各类信息提供海量存储，为多源、异构信息的多目标综合分析和管理提供分布网络操作环境，为各级环保部门及企事业单位的信息传输和共享提供高速、安全的数据通道，为环境管理与决策提供信息支持和服务，增强对环境管理的科学决策和有效控制能力。

3. 环境信息化是提高环境管理业务工作效率和效能的必然选择

信息技术的迅猛发展和全球信息化浪潮的掀起，正从根本上改变着人们的生产方式、生活方式乃至文化观念，促使人类走向新的文明。特别是进入 21 世纪以来，信息技术广泛渗透到经济和社会的各个领域，推动生产力突破传统的

（2）信息传输网络建设初具规模

“九五”以来，通过世界银行贷款、日本政府无偿援助和国家投资等方式，相继开展了 B-1 项目、B-1 扩项目和 100 个城市环境信息网络系统建设项目等国家级重点环境信息化专项工程的建设，同时，各级环境保护主管部门还积极筹措资金，扩大投资渠道，不断加强环境信息网络基础支撑能力的建设。1995 年原国家环保局办公大楼为配合办公自动化系统建设进行了智能化综合布线，2004 年改造为千兆局域网网络平台，实现内外局域网物理隔离，同时租用电信带宽统一接入互联网，从根本上改善了部机关的基础网络条件。2005 年年底，基于 SDH 宽带网络连接全国各省级环保厅（局）和计划单列市环保局的全国环境保护电子政务外网建成。此外，各地方环境保护主管部门也积极争取资金支持，购置基础软硬件，加强基础能力建设。“十五”期间，50%的省环保厅（局）已建设完成省辖范围内的宽带环保专网，18%的省环保厅（局）正在组织网络建设。同时，环境保护部、31 个省（自治区、直辖市）环保厅（局）以及大部分地市环保局已建成局域网系统，为各级环境管理部门的信息交流提供了支持。

目前，环境保护部电子政务外网和视频会议系统已覆盖了环境保护部、31 个省（自治区、直辖市）环保厅（局）、新疆生产建设兵团环保局和 5 个计划单列市环保局，初步实现了环境保护部与省级环保厅（局）之间的较为先进、快速、安全的 IP 广域网络互联、视频会议与应急指挥。21 个省（自治区、直辖市）完成了省到地市的网络建设，其中部分省份的网络已连接到县级环境管理部门。环境信息网络还延伸到监测数据采集站，实现了大气、水质自动监测和污染源在线监测数据采集站的联网。

（3）环境业务应用开发不断深入

环境信息系统建设的根本目的是提高环境信息资源的开发与利用水平，为环境管理与决策提供环境信息技术支持和服务。环境保护部坚持以需求为导向、以应用促发展的原则，紧密围绕环境管理需求，以环境管理办公自动化应用为契机，以环境管理数据库开发为基础，以环境管理应用系统建设为核心，开展了一系列环境管理应用系统的开发与建设，使环境信息资源开发与利用水平得到了逐步提高。“九五”以来，通过一系列重大建设项目的实施，环境业务信息化应用开发不断深入。

环境保护部的各个业务部门结合环境管理工作不断发展的需要，积极应用计算机网络、数据库技术、地理信息系统、卫星遥感、自动监控技术以及多媒体技术等先进的信息技术手段，改变了传统的工作方式，提高了环境管理工作的效率和监管能力。在行政办公、环境监测、污染监控、生态保护、核安全与辐射管理和环境应急管理等业务领域，陆续开展了办公自动化、环境质量自动监测数据管理、卫星遥感监测、环境统计、建设项目环境影响评价管理、排污申报与收费、污染源在线监测管理、生物多样性管理、自然保护区管理、核电厂在线监测管理、环境应急管理等大规模业务应用系统的建设工作。近年来相继开发了《全国环境统计管理信息系统》、《全国环境质量监测管理系统》、《全国排放污染物申报登记信息管理系统》、《全国生态环境状况调查信息管理系统》等一系列环境管理应用软件，并在全国范围内推广使用。这些系统形成了国家环境信息资源基础业务数据库，为各级环境保护部门进行环境管理决策和科学研究提供了大量环境信息产品，实现了环境监管等业务的信息化管理。国家环境保护信息管理部门广泛采用环境信息资源和信息技术，配合环境保护部的环境管理，进行了大量的信息和数据处理工作，发布了《全国环境统计年报》、《中国环境状况公报》、《全国重点流域水质月报》、《长江三峡工程生态与环境监测公报》等一系列信息公报，促进了环境信息资源的开发与利用，提高了环境管理工作效率和决策支持水平。

（4）环境信息服务得到明显加强

环境保护部信息中心在深入调研、科学论证的基础上，为环境保护部建设了电子政务应用的基础平台——环境保护部电子政务综合平台。该平台是集办公自动化、环境业务管理、数据交换与共享、信息发布和服务于一体的协同电子政务工作平台，形成了集环境管理业务应用、信息资源共享与信息服务于一体的环境保护综合信息平台，全方位支持政府办公、政府监管、管理决策、资源共享、信息服务等工作，为环境管理和决策提供了有力的支持。平台被推荐为电子政务典型应用系统，提高了环境保护电子政务建设与应用水平。

通过加强环境保护部政府网站建设，为社会公众提供权威性、综合性、规范性的信息服务，促进了政务公开，提升了政府形象。原国家环境保护总局政府网站在2005年优秀政府门户网站评选活动中，名列三甲，并在此后举办的历届中国政府网站绩效评估中，一直保持在前十名以内，位居国务院部门网站先进行列，大大提高了环境保护部政府形象，促进了政务公开。

以电子政务综合平台和政府网站建设为示范应用，各地环境信息中心根据各自业务需求和自身技术特点，广泛开展环境管理应用系统建设，如办公自动化系统、污染源自动在线监测及无线传输系统、环境影响评价系统、排污收费管理系统、环境统计信息系统等。通过应用整合，优化了政务/业务管理工作流程，提高了工作效率，通过资源整合和信息共享，提高了环境信息资源的开发利用和公共服务水平。“十五”期间，94%的省级环保厅（局）建成了政府网站，相当部分地市级环保局也建成了自己的政府网站。

4．环境信息化人才队伍初步形成

在环境信息化建设的同时，各级环境信息中心加强人才培养与队伍建设，广泛通过技术培训与应用交流，培养高素质的环境信息化技术人才，特别是通过中日合作《中国环境信息网络系统建设第二国（中国）研修项目》的实施，针对环境信息管理和网络技术进行了人员培训，在全国范围内初步建立了一支具有一定业务能力和管理水平的环境信息化人才队伍。同时，各级环境信息中心注重人才知识结构调整和专业配置，较好地适应和满足了环境信息化工作的实际需求。

目前，国家、省（自治区、直辖市）、地市三级经机构编制部门批准成立了环境信息工作机构153个，编制人数约为772人，其中：环境保护部信息中心是经中央机构编制委员会办公室批准设立的司局级全额拨款事业单位，编制数为32人；省级环境信息工作机构人员编制总数为310人，平均每省（自治区、直辖市）10人。编制数在20人以上的包括天津市（32人）、江苏省（24人）和上海市（20人），占总数的9.7%，编制数在10～20人之间的有12个，占总数的38.7%；少于10人的有16个，占总数的51.6%。

按编制类型分类，有公务员和事业单位两大类；在事业单位类型的机构中，按其经费来源又可分为全额事业单位、差额事业单位、自收自支事业单位三种；而就其机构设置形式而言，独立与非独立设置并存。

全国 337 个地级以上城市中，121 个城市有经机构编制部门批准成立的环境信息工作机构，编制总数约为 430 人。其中：15 个副省级城市编制数为 112 人，其他地市 318 人，平均每市 3 人；省会城市和计划单列市均建有环境信息工作机构，山西省内 11 个地级以上城市全部建立了环境信息工作机构。

目前，全国共有从事环境信息工作的专门人员 896 人，其中约 90%为专业技术人员。

环境保护部信息中心现有人员 40 人，其中，专业人员学历结构为：硕士以上学历占 35%、本科学历占 52%、专科学历占 13%。省级从事环境信息工作的专门人员 315 人。专业人员学历结构为：硕士以上学历占 15%，本科学历占 69%，专科学历 16%。市级从事环境信息工作的专门人员约 430 人，专业人员学历以大学本科为主。

（二）环境信息化发展问题分析

我国的环境信息化经过十多年的发展，围绕组织机构、网络基础、资源开发等进行了一系列建设工作，取得了一定的成绩，但随着环境管理力度的加大，环境保护工作对环境信息的采集、传输、处理、分析与应用等都提出了新的要求，而环境信息化工作整体还处在基础建设的探索和经验积累的初期发展阶段，需求加大而支撑不足的矛盾日渐尖锐。从整体上看，环境信息化基础设施依然薄弱，突出表现为信息资源不足，信息共享困难，已有信息资源的整合与共享服务能力较弱，支撑综合应用和信息共享的数据中心尚未成形，基于统一架构的多业务综合应用支撑平台亟待建立；支撑环境管理主要业务的全局性业务应用的建设尚处空白，各类环境业务应用的建设进度极不平衡；环境信息化建设工作和运行管理体制不够健全，与环境信息化的发展不相适应，而且投资渠道尚不稳定。

从总体上看，一个全面支撑我国环境保护工作的完整的信息化体系尚未形成，信息化建设对提升环境管理现代化水平的贡献率还比较低，还不能满足环境保护历史性转变的迫切需要。服务目标单一，导致条块分割；共享机制缺乏，产生信息壁垒；基础设施不足，阻碍信息交流；标准规范不全，形成数字鸿沟；环境信息管理体制与发展不相适应仍然是目前环境信息化发展面临的主要难题。

1. 环境信息基础支撑及信息服务能力不足

目前，环境信息化已经跨越了技术驱动阶段，开始进入技术驱动与业务驱动转型期。在技术驱动与业务驱动转型期，环境信息化最突出的问题表现在，环境信息化与环境管理业务脱节现象较为严重，环境信息化与环境管理的实际需求和发展需要没有结合，环境信息化无法发挥其在优化业务流程、提高效率与管理水平方面的优势。

（1）对宏观管理和决策的支撑和保障不足

有效的环境管理和环境管理决策依赖于准确和及时获取各类环境信息和数据。长期以来，由于缺乏及时、有效的数据支撑，我国环境管理工作一直停留在定性分析水平上，很大程度上只能采取“拍脑袋”的方式进行决策。随着环境保护迎来历史性转变，环境管理从定性化决策向定量化决策转变，从粗放式环境管理向精细化环境管理转变。在转变过程中，环境信息保障不足、支撑不足的问题愈发突出。

① 环境信息采集缺乏规范性约束

环境保护的根本目的就是要“让人民喝上干净的水，呼吸清洁的空气，在良好的环境中生产生活”。达到这一根本目的的基础在于及时和准确地掌握环境质量和污染物排放状况，以便科学、准确地判断环境形势，对环境管理工作作出科学的部署和决策。但是，在目前的环境管理决策中，环境质量和污染源监管信息分别由不同的渠道采集。一方面，在目前的污染源监管数据方面，现有的数据采集渠道就包括环境统计、排污申报、排污收费、污染源监督性监测、污染源在线监控等不同途径，还包括不定期的普查和统计等数据来源。这些数据虽然都针对相同的监管对象，但是由于其采集目的、采集周期、采集手段的不同，不仅造成了重复工作的资源浪费，甚至形成数据相互矛盾等不利局面。这不仅无法提供准确的决策数据基础，更易导致决策的失误。另一方面，数据的加工、分析、利用水平较低，现有的环境数据大多停留在数据报表的水平，无法上升为决策所需的信息，管理决策人员难以透过原始数据内容分析到数据背后所蕴涵的规律和有价值信息。和国内外推进信息化的经验相比，我国的环境管理决策在应用数据仓库、地理信息系统等数据加工分析领域的高新技术方面还存在着较大的差距和不足。

② 环境信息及时响应能力薄弱

对环境突发事件的应急处置水平，反映出环境管理决策的水平。在突发性事件应急处置过程中，信息和信息技术的保障是妥善、成功处置突发性事件重要的环节。在理想的环境突发事件应急处置情景中，信息保障体系应该成为环境应急体系的“神经网络”，能够高效、及时、准确地实现信息的采集和指令的下达。但是我们现有的环境信息和技术在环境应急事件处置中所发挥的信息保障作用却相当有限。

反思 2005 年发生的松花江水污染事件，在牵动全国上下乃至国际社会的环境应急指挥工作中，我国现有的环境信息系统在监测数据传输、视频交流会商、空间信息分析、公众信息发布等环节虽然起到了一定作用，但是仍存在很大的差距：现场应急监测数据只能通过手机短信的方式进行远程传输，这给现场情况安全、全面的上报带来了很多问题；当前线指挥部随着污染带推进到非省会城市后，前后方的视频会商被迫取消；在管理决策中所利用的松花江流域和俄罗斯的地图比例尺偏小，而且缺少必要的环境专业图层信息，对决策难以提供更方便的支持；向社会公众发布消息的渠道单一，而且缺少互动功能，给工作宣传和信息服务带来了一定困难。

③ 环境保护参与综合决策的信息支撑能力不足

在当前落实科学发展观的大局下，环境管理决策要更多地参与到宏观经济决策中去。要建设生态文明，建设资源节约型、环境友好型社会就必须提高环境与发展综合决策能力、转变经济增长方式、调整经济结构。在这方面，环境管理决策的能力普遍比较低下，在环境管理工作中目前还没有建立起环境和经济数据的收集共享、统计分析、决策支持系统，无法为综合决策提供科学依据与技术服务，这极大地限制了环境管理决策参与宏观经济决策的话语权。

（2）环境管理业务信息化应用困难重重

信息化对于业务工作的推动和促进作用在于利用先进的信息化手段极大提高信息采集和传输的速度，进而影响和改造业务核心流程，提高现代化水平。在环境监管工作方面，要实现环境保护的跨越式发展，推动环境监管能力的质的提升，就必须改进工作方式方法，提高工作效率。现在环境管理工作的各个环节虽然普遍应用了信息技术手段，但核心业务流程的信息化改造仍困难重重，很多情况下信息化应用仍停留在数据上报、办公自动化等较低的信息化水平上。

① 环境管理核心业务缺少有效的信息技术应用

由于业务模式缺少统一规范，目前在全国范围内，环境管理部门在环境监测、污染监控、生态保护、核安全和辐射安全、环境应急等核心业务方面，信息技术应用举步维艰。虽然在个别业务、个别地区先后尝试开展了一些全国统一的管理信息系统建设工作，但是收效都不显著，基本上没有全国推广成功的案例，少部分业务仅仅保留了基本的数据库格式规范，更多的业务系统建设最终不了了之。在地方上，虽有零星的信息系统建设，但都缺乏统一的规范和管理，难以形成有效的信息系统应用。环境管理核心业务没有建立起全国范围内统一的业务应用系统，一方面导致在全国范围内难以规范业务工作方式和流程，大多数业务管理工作停留在手工操作阶段，重复、繁杂，工作效率低下；另一方面，也导致管理决策人员无法利用原本应该在核心业务工作过程中积累下来的大量环境信息资源。

由于缺少信息系统和数据库的支持，管理决策人员无法及时掌握核心业务工作的进展情况，难以预测发展趋势，也就无法对下一步工作作出科学的部署和安排，无法确保环境管理业务工作的可操作性和可控性。

② 业务信息化应用创新严重滞后于业务模式发展

随着环境管理工作的不断创新和发展，各项环境管理工作都面临着业务改革和流程重组。如环境监察工作逐步开始采用在线监控技术进行污染源监管；

同时也涌现出一批新的环境管理业务，如规划环评、区域限批、绿色信贷、总量减排等。

这些创新性业务基本上以信息化和现代化为特征，或依赖于信息化手段的充分运用，但业务的信息化应用严重滞后于业务模式的发展。一方面，已开发的业务应用系统由于缺乏后续的升级和维护，难以满足新时期环境管理业务发展的需要，很多应用系统无法随着管理业务的改革而改进，业务管理工作一旦发生变化，原有的业务应用系统就被迫束之高阁，信息化进程受阻；另一方面，新建的环境业务管理系统还处于摸索阶段，业务管理模式尚未完全定型，对信息技术手段的应用严重滞后。

（3）支撑电子政务的信息服务能力薄弱

环境信息服务能力是环境信息化的重要组成部分，在推进电子政务建设、加大环境信息公开化程度、促进建设“透明、服务、民主”型政府的工作中发挥着越来越重要的作用。如在面向社会提供环境信息服务方面，2005 年，原环境保护总局政府网站通过专题形式跟踪报道了圆明园湖底防渗工程，独家提供《圆明园东部湖底防渗工程环境影响报告书》，开设了网上调查。在这一事件中，环境保护部政府网站作为环保部与公众沟通交流的渠道，起到了很好的舆论向导作用，及时准确地公布政府决定，实现了政务信息公开，促进了事件的顺利解决。

但是目前，在政府部门和社会公众之间的互动渠道单一，信息公开范围有限，在加强公众参与，接受群众监督方面缺乏力度。

第一，在向社会提供环境信息服务方面，现有的投入严重不足，例如环境保护部政府网站现有基础设施非常落后，没有备份服务器，存在单点故障的危险。环境保护部网站使用的网络带宽也严重不足，时常导致信息更新出现滞后几个小时的状况。

第二，向社会发布信息的形式和内容单一，政府网站发布的信息以机关政务信息、工作动态、行政许可等内容为主，对结构化数据的发布和展现较为简单，对分散在环保系统其他部门的相关信息资源没有进行整合和充分利用。

第三，对外信息服务缺乏在线办事功能，现有的网站提供的在线办事功能包括表格下载、办事指南等，还属于单向信息提供，没有实现对企业申报、审批等双向服务功能。企业和公众还不能通过网站办理任何业务。

第四，与公众的互动功能很少。现有的网站互动栏目只有网上调查和网上投诉。网上调查只能大致了解社会公众的想法，功能较为简单。而网上投诉目前只是接收社会公众的投诉，不公布处理结果，公众不能知晓自己投诉的进展和结果。

2. 环境信息化自身基础和保障体系薄弱

保障体系是信息化建设的基础，包括网络基础设施、信息系统基础设施、规范化和标准化体系、人才队伍、持续性投入等。我国的环境信息基础设施建设正处于一个“青黄不接”的发展阶段，保障体系建设尚未得到充分重视，具体表现为：环境信息基础设施较为薄弱，现有环境信息基础网络覆盖面尚不能充分满足环境管理业务需求，网络应用能力和互联互通有待提高和改善；国家级环境信息基础能力、环境数据存储和管理能力等明显不足；尚未建成有效的环境信息应用支撑平台和资源共享平台，严重制约环境管理应用系统的集成与整合、环境信息资源的共享与利用；人才队伍建设和投入严重不足等。

（1）环境信息基础设施仍很薄弱

第一，环境信息化网络覆盖能力不能完全满足信息传输与资源共享的需要。环境信息传输网络主要依托国家环境保护电子政务外网，尚未建成一个统一、高速、安全、先进的网络基础环境，现有环境信息传输网络仅覆盖到省级环保厅（局）和部分地市级环保局，未能实现网络的互联互通，信息采集传输方式落后，时效性差，无法满足各环保业务部门协同工作的需要。随着环境管理应用需求的不断增加，环境数据实时传输、信息资源共享的要求将越来越高，网络的覆盖范围、传输速度、稳定性和安全性等还需要不断加强和提高。

第二，环境信息硬件设施无法满足海量数据存储、管理、加工的需要。在高性能服务器建设方面，现有的环境信息硬件设施还远远落后于业务发展的需要。随着污染源在线监控、视频监控等业务的发展以及环境监测、环境统计等业务工作周期的缩短，环境管理业务对海量数据存储、加工处理提出了越来越高的要求。但是从目前各级环境管理部门所拥有的环境信息硬件设施来看，还停留在部门级应用的水平上，服务器、磁盘阵列、备份系统等基础硬件设施远不能满足大规模、高性能数据处理的需要。

第三，环境信息化工作的各项基础条件也难以满足工作的需要。目前，各级环境管理部门的信息管理机构在机房建设装修、网络接入带宽、办公设施等基础条件上都还很落后，以环境保护部为例，网络带宽和机房使用都已经饱和，现有的机房面积已经无法满足不断发展的业务需求，环境保护部信息中心的办公条件也非常有限，和不断发展的信息化建设任务要求不相适应。

（2）环境信息标准规范建设滞后

环境信息标准规范建设是环境信息化建设的重要内容，但目前尚未形成完整的环境信息标准体系。标准的制定、更新相对滞后，这直接导致了不同部门采用的数据格式和标准不统一。由于缺乏信息标准，已有的信息也不能得到充分应用，只能以“信息孤岛”的形式分散存在于各个业务部门。

（3）环境信息开发应用水平层次较低

随着环境管理业务的不断发展，环境信息处理的实时性要求也越来越高，尤其是在全国范围内开展的一些环境监管业务，环境信息开发过程中越来越需要采用能够支持高性能运算的硬件设备和软件产品。这对于目前国内的环境信息管理人员来说提出了更高的要求，如果不能迅速提升环境信息开发应用水平，就无法满足不断发展的各项管理工作对数据采集、传输、处理和汇总的需要。

（4）环境信息资源的共享和利用成为瓶颈

在数据建设方面，多年来环境管理工作积累了大量的基础数据，但这些数据的采集、传输、加工、存储和利用比较分散，缺乏规范化指导，功能上还局限于简单的查询和统计，环境数据尚未能全面有效转化为可用信息资源，造成决策与信息的脱节。在应用建设方面，现有的环境信息化缺少统一的技术框架和体系架构的设计和建设，各个业务部门和各级环境管理部门的环境管理应用系统相对独立，难以实现环境信息资源的有效利用和共享，这已经成为我国环境信息化建设的重大瓶颈。

1．国外推进信息化建设的成功经验

20 世纪 90 年代后期，特别是进入 21 世纪以来，在全球信息化浪潮的推动下，许多经济发达国家开始高度重视本国的信息化建设，并纷纷出台各自的信息化发展战略规划，逐渐向信息化社会转型。经过十几年的发展，尤其是美国、德国、日本等国家在全面推动信息化建设领域中取得了显著成效，他们的信息化水平处于世界领先地位，其信息化发展速度令人瞩目。他们通过制定国家信息化发展战略，明确战略目标等一系列前瞻性手段和完善信息化法律法规体系，建立顺畅的管理体制和领导协调机制等保障性措施，已基本实现信息化社会转型（美国——从“轮子上的国家”转向“网络上的国家”；德国——从“工业社会”转向“信息社会”；日本——从“工业化赶超”到“信息化赶超”）。

环境信息化作为国家信息化的一部分，其建设必须依托国家信息化基础，且与国家总体信息化发展水平相匹配，国家层面上推进信息化的成功经验能够在一定程度上反映其环境信息化的进程，由于资料所限，我们将以一些发达国家推进信息化建设的经验作简单总结，并对美国推进环境信息化建设的具体做法进行着重剖析，以期得出对我国环境信息化建设的借鉴意义。

成功经验一：美国、德国、日本向信息化社会的成功转型与其政府高度重视本国信息化战略的制定与实施，推动信息化的公共政策密不可分。因为国家信息化战略是一个国家未来实施信息化的纲领性文件，也是一个国家未来的发展目标。国家信息化建设为了取得快速发展与全面推进，就必须要有科学、明确的发展战略。因此，我国环境信息化作为国家信息化的一个重要组成部分，同样也需要以科学的信息化发展战略和明确的战略目标为指导。

成功经验二：健全的信息化法律体系为全面快速推进信息化建设提供强有力的保障。信息化法律法规体系建设事关信息化建设的规划与管理，也关系着整个信息化建设发展进程的快慢。实现信息化快速发展应以国家法律为基石。美国于 1966 年颁布《信息自由法》，旨在促进联邦政府信息公开化。德国颁布的《信息自由法》是德国政府信息公开的重要法律依据，而《联邦政府环境信息法》为德国公民享有对政府信息尤其是环境信息普遍知情权提供了强有力的

法律保障。日本的信息立法也相对完善，解决了一些资源共享、三网融合、数字鸿沟等难题。因此，我国的环境信息化进程要想全面推进，就必须加强环境信息自由公开或共享立法，真正实现环境信息资源的有效整合与共享。

专栏 1　信息化发达国家的信息化发展战略制定情况

美国：1993 年提出国家信息基础设施（NII）战略；1994 年提出全球信息基础设施（Global Information Infrastructure，简称 GII）计划；1996 年提出下一代网络计划（Next Generation Internet，简称 NGI）和 Internet Ⅱ计划。

德国：1999 年制定《21 世纪信息社会的创新与工作机遇纲要》；2003 年制定《2006 年德国信息社会行动纲领》；目前正在制订第三套信息化行动计划（2006—2010 年）。

芬兰：20 世纪 90 年代初将建成信息化社会作为首要发展目标；1995 年制定信息社会发展战略。

日本：1992 年出台 Mandara 计划（曼陀罗计划）；2001 年提出国家战略政策性文件“E－Japan 战略”；2003 年 7 月制定“E－Japan Ⅱ战略”；2004 年制订 E－Japan Ⅱ政策加速计划；2004 年公布 U－Japan 战略。

韩国：1996 年制订《促进信息化基本计划》；1999 年出台《2000 年国家社会信息化推进计划》；1999—2002 年出台国家信息化综合计划——“网络韩国 21 世纪（Cyber Korea21）”；2004 年制订 U - Korea 计划。

成功经验三：恰当的体制安排、合理的组织结构、顺畅的协调机制在信息化推进过程中发挥关键作用。美国、英国、日本、德国、澳大利亚、加拿大等大多数信息化发达国家都已经在政府机关全面实施信息主管机制或首席信息官制（CIO），这极大地推动了各国政府信息化管理的进程，对政府部门的管理与运作产生了深远的影响，尤其在制定信息化战略、管理信息资源和处理跨部门协作问题等方面发挥了重要作用。

美国作为世界上最早建立首席信息官制度的国家，已经建立了一套从上到下成熟完善的 CIO 职位体系。美国联邦政府、政府各部门与各州政府都同时设立首席信息官，专门负责联邦政府、各部门或各州政府的信息资源管理。美国还通过立法形式规定了首席信息官的主要职责，包括制定战略规划和计划，监控信息化规划和项目的实施，管理和开发利用政府信息资源，提升部门的信息化实现能力等。这里需要强调的是，美国首席信息官制或信息主管制度能真正发挥信息主管机制的效能，其信息主管的组织结构定位必须具有以下特点：信息主管处于领导决策层；信息主管具备必要的资源支配能力；信息主管具有跨部门的约束与协调权。另外，美国联邦政府的各个部门都设立了相应的首席信息官委员会，他们都在联邦政府首席信息官委员会的战略规划框架之内再来规划本部门的信息化方向和战略。实践表明，这种体制能够较好地保证联邦政府信息化战略的有效实现。

重点案例分析：美国国家环境保护局信息管理组织机构

美国国家环境保护局分管环境信息的助理署长，由总统直接任命并出任国家环境保护局首席信息官，专门负责环境保护局的信息资源管理与开发利用，并直接领导环境信息司工作。美国国家环境保护局首席信息官的具体职责包括根据环境保护局业务需求制定信息数据规划，负责为战略信息规划和投资过程提供指导与管理，制定并监督局内信息政策的执行，构建信息化整体架构，开发并监督信息安全项目的实施。

环境信息司在美国国家环境保护局是新成立的机构，目前共有 400 多名工作人员，主要负责收集、分析、发布环境信息，提供信息技术服务，对总局 IT 投资进行管理，并通过制定标准保证信息质量。下设机构如图 3 所示。

另外，除在联邦层面上，区域办公室及各州环保部门中均设有环境信息办公室或信息专人，负责各部门环境信息工作，包括信息收集、上传、维护、发布等。

建立信息主管机制不仅仅是设立一个领导职位，更重要的是要建立起一套完整的信息主管职务体系、一套科学的信息主管流程规范和有效运作的信息化治理结构及其机制。因此，要保证环境信息化工作的可持续发展，顺利实现环保部门从传统型组织到信息化型组织的转型，就必须要从领导机制和组织结构的层面上进行信息化机制改革，探索一条适合国情而又切实有效的环境信息化建设领导机制。

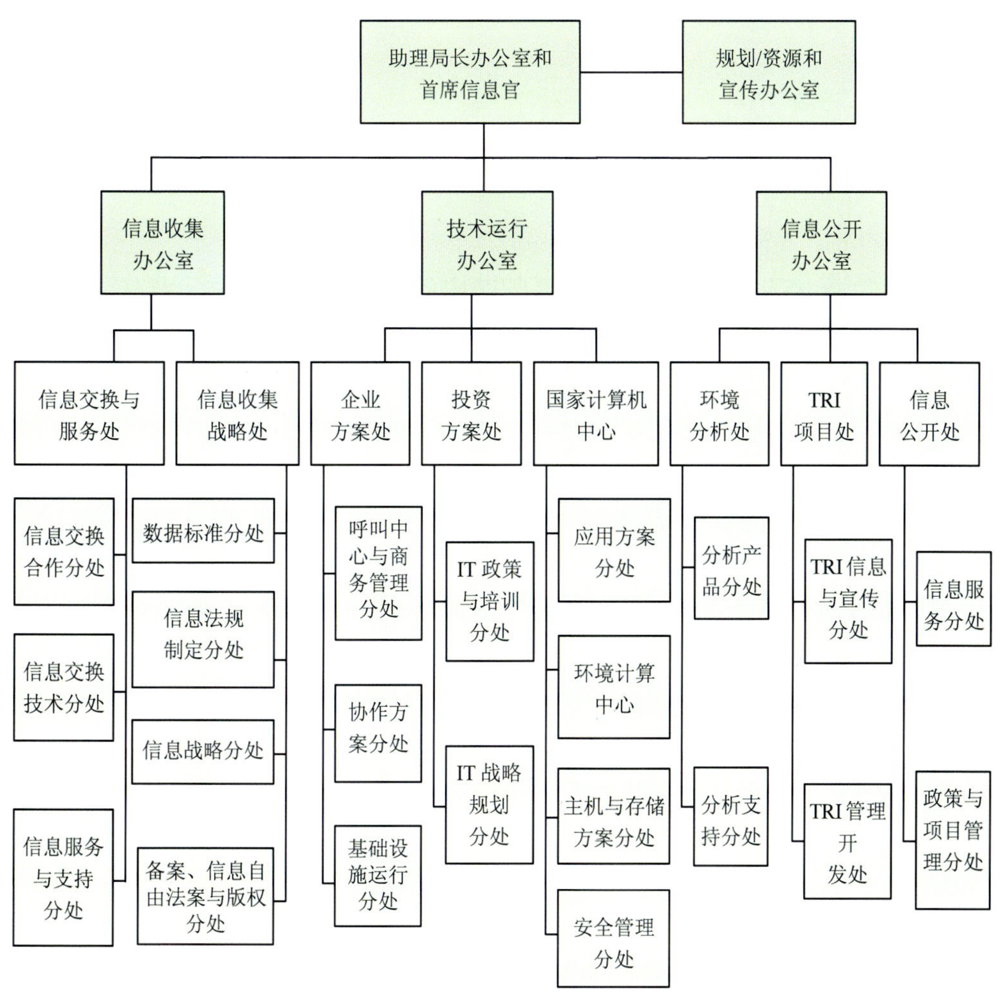

图3　美国国家环境保护局环境信息司机构设置

成功经验四：良好的信息资源共享机制是充分开发和利用信息资源的有效途径，也是信息化建设的核心战略和必然选择。信息资源共享是一项复杂的系统工程，它的实现有赖于建立强有力的保障机制。综观国外发达国家或组织信息资源共享的政策和实践，可以发现，虽然它们在信息资源共享方面存在着一定的差异性，但都充分认识到了信息资源的重要性，将信息资源看做是国家和社会的重要资产，并且采取了一系列措施推进信息资源的开发利用。总的来说，国外重点国家或组织的信息资源共享机制主要呈现出以下几个特点。

（1）多部门协调管理

发达国家或组织大多指定相应的机构或设置专门的机构从总体上负责指导和协调信息资源的开发利用，而这些机构往往是负责信息化建设的领导与协调机构。其他有关机构按照各自的职责协助其开展相关工作。

（2）法律法规和标准化体系较为完善

发达国家或组织很早就认识到信息资源开发的重要性，并分别制定了有关信息公开、个人信息保护、信息安全等一系列法律法规和元数据等标准，以保障信息资源共享的有序、健康发展。更为特别的是，英国、澳大利亚等国在法律法规和标准尚未正式出台以前，就先行发布了一些政策性指导文件。

（3）政府信息资源共享成为重中之重

发达国家或组织都认为政府是最大的信息创建者、采集者、消费者和发布者，非常重视政府信息资源的开发利用，将获取政府信息视为公众的一项权利，并对信息采集、共享、公开、保存与销毁等进行了规定。同时，它们还通过开设政府网站、设立政府信息资产目录、开展政府信息定位服务等方式，让公众方便地获取政府信息和服务。

专栏 2　世界主要发达国家政府信息资源共享机制基本情况

美国信息资源共享机制：

美国颁布的政府信息资源管理方面的法律、法规和标准主要包括：《信息自由法》、《隐私权法》、《阳光下的政府法》、《文书工作削减法》、《电子数据交换标准》和《政府信息定位服务应用标准》等。此外，为了对政府信息资源管理工作进行有效的指导和规范，美国管理与预算办公室于 1985 年制定了《联邦信息资源管理政策》，并于 1994 年、1996 年和 2000 年对其进行了 3 次修订。该政策对联邦政府各机构的信息采集、公开、发布、共享、记录管理以及统计信息管理、信息系统管理等信息资源开发利用活动进行了规定。

欧盟政务信息资源共享机制：

早在 1989 年，欧盟就提出了公共部门信息资源开发利用问题。近年来，为了促进公共部门的信息资源开发利用，欧盟制定并出台了一系列政策和规划，如2000年6月颁布的《2002电子欧洲行动计划》，2001年10月制定的针对公共部门信息资源开发利用问题的总体框架——《2002电子欧洲行动计划：欧盟开发公共部门信息框架》以及《公众获取欧盟议会、理事会和委员会文件法令》、《公众获取环境信息指令》和《欧盟公共部门信息商业开发利用指令》等。这些政策和指令主要涉及公共部门的信息公开、共享和商业化开发等领域。

英国政务信息资源共享机制：

英国政府颁布了一系列有关公共部门信息资源开发利用的政策和法规，如《政府信息公开条例》、《信息自由法》和《政府出版物之未来管理白皮书》等有关公共部门信息资源开发利用的法律法规和政策规划。这些法律法规和政策规划主要涉及信息公开、有偿信息开发和电子记录管理等领域。

日本政务信息资源共享机制：

为促进政府信息资源的开发利用，日本制定并公开了《行政信息电子化提供指导方针》、《关于行政机关持有的信息公开的法律》（简称《信息公开法》）和《行政机关持有的个人信息保护法》（简称《个人信息保护法》）三法，对行政信息的采集、存储、交流、共享及服务等活动进行了规定，为政府信息资源开发利用奠定了法律基础。

加拿大政务信息资源共享机制：

为加强对政府信息资产的管理，加拿大先后颁布了《隐私权法》、《信息公开法》和《统计法》等一系列法律法规，对政府信息资源开发利用活动进行规范，并于2003年5月开始实施《政府信息管理政策》，以取代1995年开始实施的《政府信息资产管理政策》。这些法律政策主要涉及政府信息资产的管理、信息公开和隐私权保护以及统计信息管理和增值开发等，为联邦政府机构开展信息资源开发利用提供了有力的指导。

2. 国内推进行业信息化建设的成功经验

我国的政府信息化工作起步于20世纪80年代中后期，90年代以后进入蓬勃发展阶段。近年来随着“十二金工程”的重点实施与数字工程的广泛开展，信息化工作越发凸显其对各行业实现跨越式发展的重要推动作用。由于水利、农业、国土等和环境一样都是作为国家的公共资源，其管理存在一些相似之处，信息化建设也有相通的地方，因此，金水工程、金农工程、金土工程以及数字黄河、数字国土等行业信息化建设典型案例的经验对全面推进环境信息化建设，实现“数字环保”战略目标尤其具有借鉴意义。

成功经验五：行业信息化建设工作要全面推进必须要纳入国家信息化总体规划，必须以国家重点电子政务工程项目为主要依托。信息化工程科技含量高、所涉及的领域广，是一项主要由软硬件紧密结合的系统化工程，这就决定了其技术和实施的复杂性以及投资大、周期长、风险高等特点。而行业信息化建设是一项综合性强的前沿性系统工程，不仅涉及人、财、物的投入，而且涉及人们思想观念、传统管理方式以及工作习惯的变革，甚至涉及利益的调整、业务的重组和工作的协调。所以国内任何一个金字工程或数字工程的成功实施，都离不开国家重点信息系统工程项目强有力的支持。金水工程、金审工程、金农工程、金土工程等正是因为纳入了国家信息化总体规划，成为国家重点电子政务工程的重要组成部分，他们的组织机构建设、基础设施建设和资金投入等才得到有力的保障，其行业信息化工作才得以成功实施与推广。

金农工程通过数十年的建设强化了对农业信息化的组织管理，设立了信息化管理和服务机构。截至 2005 年年底，全国所有的省份、97%的地（市）、80%的县级农业部门都设有信息化管理和服务机构，67%的农业乡镇设有信息服务站。金农工程的实施也加强了农业信息基础建设，初步实现了以农业信息网为中心，省、地市、县三级信息网站为辅助的计算机网络和高效畅通的农业信息传输通道。

水利部通过金水工程的立项和实施不断完善了水利信息化的组织机构建设，加强了水利信息基础设施建设，合理调配了水利信息化投入，为全面推进水利信息化工作营造了良好的保障环境。数字黄河工程就是在水利工程的立项、设计和资金安排中，纳入信息化建设内容，将“工程带信息化”的投资方式转变为“工程有信息化”的方式，密切了信息化项目与水利工程项目间相互支撑的关系。

国土资源部自 1998 年建部以来就高度重视信息化工作，自 1999 年国土资源大调查开始，部门信息化经费达 9 000 万元/年，金土工程的立项更使得国家重点电子政务工程由“12 金”拓展为“13 金”。

综上所述，我国环境信息化建设工作要想实现全面推进就应尽早纳入国家电子政务工程重点业务信息系统建设，以国家信息化重大工程方式带动环境信息化建设取得突破进展。环境信息化发展保障环境如基础设施、技术创新、人才队伍、安全建设、资金投入等方面才会得到不断加强与完善。

成功经验六：行业信息化建设必须与核心业务应用紧密融合。行业信息化效益的体现，归根结底离不开具体的业务应用。行业信息化的实现就是要全面渗透到行业的业务应用中去。离开核心业务应用，信息化手段在任何一个行业中都会永远处在边缘地带。对于环境信息化而言，信息化同样也只是手段和工具，“环境”才是这个短语的关键词，因此“环境信息化”的核心是要为环境管理决策服务，只有融入环保主流工作的信息化，才能充分发挥其在参与宏观调控、加强环境监管、服务管理决策等方面的作用。

国土资源部、交通部、水利部等部委都普遍以需求牵引、应用至上为原则推进信息化建设发展。各行业信息化建设部门紧贴实际业务需求，重点开展核心业务应用系统建设。如农业部的金农工程通过第一阶段建设建立了农业监测、预测、预警等宏观调控与决策服务应用系统和农业生产形势、农作物产量预测系统，建立防灾减灾系统和农业服务信息系统等。水利部通过金水工程的实施启动了以国家防汛抗旱指挥系统一期工程、全国水土保持监测网络与信息系统（一期）、水利部及七大流域机构的水利电子政务一期工程、水资源实时监控系统试点建设为标志的水利信息化专项工程建设。

数字工程的成功案例更是说明信息化与核心业务应用密不可分。数字黄河工程就是主要在可视化的应用服务平台基础上，开发了防汛减灾、水量调度、水资源保护、水土保持、工程建设与管理、电子政务等应用系统，为治黄业务提供专业决策支持和信息服务。综合决策支持是数字黄河服务功能的最高层次的应用，它以各专业应用系统为主体，通过应用虚拟仿真技术为各应用集成提供模拟分析的软硬件环境和虚拟现实、业务仿真的可视化环境，完成对治黄业务工作的监测、分析、研究、预测、决策、执行和反馈的全过程数字化。

因此，要保证环境信息化又好又快地发展，必须坚持以需求为导向、以应用促发展的原则，将环境信息化建设重点落实到环保工作的核心业务中。只有将环境管理核心业务信息化应用摆上突出的位置，信息化才能在加快环境保护历史性转变中充分发挥其“助推器”的作用。

成功经验七：稳定可靠的经费投入是保证信息化建设顺利进行的重要前提。行业信息化建设是一项投入高、周期长的基础性工作，要想保证信息化顺利进行，必须有稳定可靠的经费投入，对于公共物品如环境、自然资源的管理，更是一项公益性工作，尤其需要国家财政的大力支持。

金农工程建设投资是以中央投入为主导，地方投入为基础，采用国家、部门、地方和社会等多条渠道筹集，以财政拨款为主，银行贷款为辅，利用外资为补充的多种方式解决。金农工程总计投资 12 亿元。第一阶段投资 5.7 亿元，其中各级财政拨款占 87.5%，贷款占 12.5%。第二、三阶段投资 6.3 亿元。金土工程则根据信息化建设收益情况，建立了中央和地方多级财政投入的机制，中央财政投资 1.07 亿元，进行软件开发和网络建设，各省和示范城市的硬件和数据中心机房建设由地方财政承担。

三、“信息强环保”环境信息化发展战略

信息化作为促进环保高效管理、科学决策、政务公开的重要手段，在环保工作中的重要性日益体现，已成为环保工作发展的必然选择。确立并实施环境信息化发展战略，充分发挥环境信息化在环境管理业务中的支撑保障作用，是赢得环境保护发展，推动实现环保战略目标的重要举措。《国务院关于落实科学发展观加强环境保护的决定》中明确提出：“要完善环境监测网络，建设‘金环工程’，实现‘数字环保’，加快环境与核安全信息系统建设，实行信息资源共享机制”，进一步表明了环境信息化发展的必要性、紧迫性。

“信息强环保”是环境信息化价值的根本体现。信息化和环境保护深度融合，能推动环境保护工作上台阶、上水平。通过环境信息化，建立环境监测、污染源监控、生态保护和核安全与辐射环境安全等信息系统，实时收集大量准确数据，进行定量和定性的分析。利用先进的信息技术，将各类环境数据进行有效的整合及合理的部署，同时为各级环保部门及企事业单位的信息传输和共享提供高速、安全的数据通道，为环境管理工作提供科学决策支持。

通过环境信息化，推行电子政务，提高效率、降低行政成本。通过环境信息化，建立环境实时监测和环境突发事件应急指挥系统，实现对环境突发事件做出快速反应，对事件的影响程度和危害性做出正确估计，进行高效指挥处置，保障国家环境安全。

通过环境信息化，为公众参与环境保护提供重要手段。利用现代信息网络、政府网站更好地收集和公开环境信息，有效开展政府与公众互动，保障公众在环境保护方面的知情权、监督权和参与权，保障公众权益，调动和发挥公众参与环境保护公共事业的积极性。

“信息强环保”的思想实质就在于，环境信息化全面渗透到环境保护的各个环节，利用信息技术，充分开发利用环境信息资源，通过环境信息服务推动并促进环境保护工作又好又快地发展。

（一）总体指导思想

环境信息化建设必须坚持“信息强环保”的发展思路。以邓小平理论和“三个代表”重要思想为指导，认真贯彻落实科学发展观，按照“应用主导、面向市场、网络共建、资源共享、技术创新、竞争开放”的国家信息化建设指导方针，以环境信息管理体制和机制创新为动力，以队伍和制度建设为根本，以信息网络基础设施与能力建设为基础，以环保电子政务和业务应用系统建设为重点，以提高服务质量和效能为核心，统一规划建设、统一规范标准、统一归口管理，全面整合、普遍共享和充分利用环境信息资源，明显提升环境监管体系的信息化水平，加快推进信息化与环境保护相融合，为环境保护管理决策提供科学高效的技术和信息支撑，构建先进完备的“数字环保”体系，实现“数字环保”战略目标，为环境保护历史性转变提供坚实保障。

在信息化建设过程中，强化信息系统对各部门核心职能和业务的支撑能力，达到提高环保工作能力与效益的目标。强调信息化综合体系的整体推进，推动环境信息化从部门分散建设向整体协同建设转变，以保证信息资源的共享和开发利用。以业务需求为牵引，加强业务战略架构，明确数据体系结构、应用体系结构、技术体系结构，组织项目的分期分批实施，突出重点，促进全国范围内信息资源共享基础上整体能力的提高和信息化效益的充分发挥。

以基础设施建设为重点，大力推进信息采集和信息存贮、共享、服务设施与机制的建设，有效缓解业务应用中需求与信息资源不足、共享困难的矛盾，坚持以共享平台建设为核心的战略，推动各部门业务系统间的互联互通、信息共享和协同互动。

以重点项目为龙头，依托关键技术开发、试验和示范系统建设，集中力量解决一些业务应用中存在的关键性难题，重点加强社会公众关注度高、经济社会效益明显、业务流程相对稳定、信息密集、实时性强的业务系统建设，提升行政效率，提高行政决策水平。

注重信息化保障体系的建设，完善标准、政策法规和管理体制，建立适当的体制安排、合理的组织结构、顺畅的协调机制，大力加强安全体系建设，逐步建立信息化建设与运行维护管理的长效运行机制，稳定经费投入、拓宽信息化建设投资渠道。

（二）战略目标

1. 总体目标

环境信息化发展的总体目标是：建立一个环境信息化统一管理的体制，形成合理顺畅的工作机制，实现全国环境信息网络的全面覆盖，形成完善的环境信息化基础设施。到2030年，环境信息化与环境保护全面融合，信息技术在环境管理中得到普遍应用，环境信息资源得到有效开发、管理、利用和共享，“数字环保”得以实现。

2. 阶段目标

2010—2020年：建立环境信息化统一管理的体制和协调的工作机制，建设并完善环境信息化机构队伍；建立“三体系、四平台、五应用”（见专栏4）的环境信息化总体框架；构筑环境信息化基础支撑环境，建立完善环境信息标准规范体系，建立完整的多层次的安全保障体系；建立国家级网络管理中心，实现信息网络有效监管和运行维护，完善环境信息网络，扩大网络覆盖范围，提高数据传输、存储、备份能力；建立环境保护业务应用支撑平台，加快业务应用系统建设与整合；建设国家环境数据中心，形成环境保护部门信息资源共享体系，增强环境数据共享服务能力；建立全国环境保护电子政务综合平台，初步建成基本满足公众需要的网上政府；健全完善促进环境信息化发展的法规政策标准体系，建立信息化建设投入保障机制。环境管理业务工作效率和效能显著提高，环境保护科学决策、民主决策、依法决策水平显著提升，环境保护部门推行政务公开、促进公众参与、建设服务型政府的进程显著加快，“数字环保”目标初步实现。

2020—2030年：环境信息化与环境保护全面融合，环境信息技术成为环境保护政务和业务工作的主要技术手段，环境信息资源成为环境管理决策的基本

四、战略措施和建议

（一）建立有利于环境信息化发展的体制机制

1．加强统一领导，健全环境信息化工作体制

实现环境信息化的良好发展，必须建立和加强环境信息化统一领导和管理的体制机制。统筹规划、统一管理是信息化发展的必然要求。只有实现统一领导和管理，才能使环境信息化发展提纲挈领、纲举目张，才能使发展目标明确、意旨统一，才能使环境信息化发展全面推进、重点突破。分散独立的领导管理体制，必然导致信息化建设一盘散沙、各自为政，必然使环境信息化陷入低水平重复建设和“信息孤岛”的不利局面。

（1）建立“大环保”格局下的环境信息化领导工作机制

在政府机构改革、构建“大环保”格局的基础上，建立由国家环境保护主管部门牵头、相关部门参与的联合工作机制，对环境信息化工作实施统一领导和协调，全面统筹“大环保”格局下的环境信息化工作。领导工作机制通过联席会议制度，搭建各部门综合会商决策的平台，实现高层决策的统一协调；通过定期情况通报制度，交流各部门工作进展情况和存在问题，实现信息交换与情况沟通；通过常设办事机构制度，落实联席会议议定事项，督导工作开展，实现领导工作的具体化和日常化；通过联合工作组制度，整合各部门资源、实现专项工作的有效开展和有序推进。

（2）加强对环保部门环境信息化工作的统一领导

在国家环境保护主管部门实行统筹信息化工作的信息主管制度（CIO 制度），专职负责全国环境信息化工作。设置环境信息司，按照“统一规划建设、统一规范标准、统一归口管理”的“三统一”原则，对环境信息化工作实施行政管理职能，主要包括研究制定推进环境信息化发展的专项规划，指导各地环

境保护系统的环境信息化工作；组织实施重大环境信息化工程；组织协调和推进环境信息技术以及信息安全技术的发展；研究制定有关环境信息资源的发展政策与措施，指导、协调信息资源的开发利用；推动环境信息化普及教育。

在省级环境保护主管部门增设环境信息处，履行对全省环境信息和电子政务的行政管理职能。各省辖市、县（市）环境保护部门参照设立专门负责环境信息的行政管理科（室）。选择若干流域与省级单位，开展环境信息化建设管理体制改革试点工作，逐步推进全国环境信息化管理体制改革。

（3）建立环境信息目标考核制度

以国家环境保护主管部门名义出台加强环境信息化工作的政策文件，高度重视环境信息化的重要性和紧迫性，明确环境信息化工作的指导思想、基本原则和主要目标，提出今后一个时期需要解决的突出问题，进一步强化工作措施，加大各级环境保护部门和单位对环境信息化的重视程度和工作力度。建立和完善环境信息化工作考核奖惩机制，对各级环境保护部门环境信息化工作提出统一要求，明确考核和奖惩细则，通过建立完善制度，督促各级环境保护部门切实加大环境信息化工作力度。

（4）将环境信息化纳入统筹规划的发展轨道

制定实施环境信息化发展规划，对中长期环境信息化发展进行统筹部署和科学安排，对全国环境信息化工作进行全面规划和统一指导。建立健全规划实施的工作机制，落实保障措施，切实将环境信息化发展规划的各项任务要求落实到环境保护五年规划和年度计划之中，确保规划实施的科学性和严肃性。

2. 建立完善环境信息化工作运行机制

（1）建立完善、分级维护的环境信息工作机制

在实行环境信息集中管理的体制下，建立分级负责的信息维护机制，及时、准确、全面地采集和更新环境信息，明确环境保护系统各业务部门的信息维护职责，按照数据采集与应用分离，应用系统建设与管理分离的原则，保证环境信息的统一管理。

（2）建立完善环境信息的共享交换机制

在统一的共享管理模式下，建立合理的环保系统内部、外部环境信息资源共享交换机制，保障环境信息的共享与利用。严格按照环境信息的来源及类型，分别采用有偿和无偿的信息提供机制。在环保系统内部构建无偿机制，无偿提供、无偿利用、无偿共享；在环保系统外部，一是环保系统与其他部委之间，通过协议，实现环境信息的交换与共享；二是环保系统与社会其他组织和个人之间，建立并采用合理的有偿使用机制实现共享；实现“一数一源，一源多用，数据共享，业务协同”。

（3）完善政府主导的经费保障机制

将各级环境保护部门环境信息化工作所需经费全额纳入同级财政年度预算，形成政府投入为主体的经费保障机制，建立经常性的建设资金渠道，同时设立环境信息化建设基金，保障信息化建设资金需求。

（4）建立面向市场的技术保障机制

对于环境信息应用系统的大规模开发，一是充分利用市场机制，实现数据采集的成本最小化和效益最大化；二是积极构建合作共享机制，建立环境信息化工作最广泛的合作与协作。

（5）建立全员培训机制

各级环境保护部门要将信息化知识纳入岗位培训内容，建立完善的信息化培训体系，形成信息化培训的长效机制，确保信息意识的持续提高。对于环境信息专业技术人员，要加大继续教育力度，培养技术骨干和学术带头人，全方位、多层次地满足环境信息化建设的需求。

（二）加强环境信息基础设施和信息资源建设

1. 将环境信息化纳入国家电子政务工程重点业务信息系统建设

切实提升环境信息化在国家信息化和环境保护中的战略地位，实施国家环境信息化重大工程，加速推进环境信息化建设，有效整合环保、宏观调控、财政、金融、税收等业务信息系统，充分发挥环境保护参与宏观调控和综合决策的积极作用，通过保护环境优化经济增长。

2. 加快建设信息采集基础设施

依托环境管理业务建设专项规划，在信息采集统一部署的基础上，按照充实整合现有系统的原则，推进综合信息采集系统建设，丰富信息采集内容、增强信息采集时效、提高系统利用效率，逐步形成完整的综合信息采集体系，满足环境管理业务应用的信息需求。大力推进信息采集新技术、新方法的引进与吸收，充分应用遥感、遥测、全球定位和其他实时自动采集与传输技术，逐步形成从微观到宏观多层次协同作业、结构完备的综合信息采集体系。

3. 加大环境信息网络基础能力建设

在国家环境保护电子政务外网基础上，进一步扩大国家级网络覆盖范围，提高网络通信能力和应用能力；扩大省辖网络覆盖范围和通信能力，省级网络连接全部地市级环境保护部门；加强地市级环境保护部门的网络建设，基本形成国家、省、地市、县四级环境信息网络体系。建设全国统一的环境信息网络平台，实现信息资源的整合与共享，实现本级各环保部门之间以及各级环保部门之间的协同工作，为提高综合决策能力、环境监管能力、预警防灾能力、公共服务能力奠定坚实的基础，为实现环境保护目标提供坚实保障。

4. 建设“环境信息枢纽”，提高信息资源共享和利用水平

要保证环境信息化持续发展，不断取得新的效益，必须最大程度地提高信息资源的共享水平，更加注重对于信息资源的开发利用，深入挖掘环境数据的潜在价值。数据资源是信息化的成果，开发利用数据资源是信息化价值的体现。环境管理决策的科学性和有效性主要依赖于信息资源的真实性、及时性和准确性。对信息资源的充分利用，是提升决策水平、提高管理效能的有效手段。

推进环境信息资源的统一管理，按照数据大集中模式，建设“环境信息枢纽”。建立信息资源统一管理模式，通过体制、制度、技术等多种保障手段，对分散在各个部门、各个单位、各个层面、不同来源、不同形式、不同用途的环

境数据实行全覆盖、全过程、全尺度的统一管理。

实施环境数据中心建设工程，组织开展国家环境数据中心建设，整合分散在相关部门和单位的环境数据资源，形成统一管理、分布存储、合作共建、资源共享的工作机制，提高环境数据共享水平。

加强环境信息资源综合开发利用，成立专门的研究机构和工作机构，精心选聘拥有不同专业背景和丰富实践经验的优秀人才，将不同来源的数据相互融合、综合分析，揭示环境领域深层的内在规律，为科学决策提供充分依据。

建设现代化、智能化的环境信息大厦，以此为依托，整合数据管理机构、环境数据中心、各种软硬件设施等相关资源，构建“环境信息枢纽”，统一指导全国环境信息化工作，调度全国环境信息资源，形成环境信息支撑环境管理和决策的合力。

“环境信息枢纽”具备持续稳定的数据汇集、管理、维护的运行机制，具备为业务应用提供综合信息共享和应用支撑服务的能力，并作为国家基础数据共享体系的一部分，提供环境信息的社会化服务，是构成完整信息基础设施体系的重要部分。

（三）推进环境信息技术应用，提升信息服务水平

1. 建设环境管理核心业务应用系统，完善环境信息服务体系

要保证环境信息化良好发展，必须坚持以需求为导向、以应用促发展的原则，更加重视业务应用建设，优先把环境管理核心业务信息化应用摆上更加突出的位置，以信息化带动环境保护的现代化，以信息化促进环境保护历史性转变。环境信息化效益的体现，归根结底离不开具体的业务应用。只有应用水平提高了，才能使环境信息化获得持久而强大的发展动力。

深入实施环境管理业务信息化应用战略，统筹规划，突出重点，优先建设环境管理核心业务应用系统，实现信息化与环境管理核心业务充分融合，全面提升环境管理业务信息化水平。在信息化与环境管理业务全面融合的基础上，运用系统思维，利用信息技术，推进环境管理业务应用的优化和协同工作，不

断提高环境管理的效率和效能，实现环境管理水平的跨越式发展。

2. 大力建设政府网站，推进政务公开

大力建设政府网站是推进环境信息化、实现“数字环保”的重要抓手。环境信息公开和公共服务是实现政府职能转变、推行政务公开、建设服务型政府的必然要求。环境保护部门不断提升公共服务水平，建设网上政府，是符合政府职能转变的要求，实现科学决策、民主决策的有效途径。推进政府网站建设，促进信息公开，保障公众知情权、参与权、监督权，重视公众服务，对于促进环境保护公众参与具有特殊的重要作用。

大力推进建设网上政府。以深入实施政府机构改革为前提，以环境保护部门政府网站建设为抓手，以机关内部信息化建设为保障，遵循“以公开为原则，以不公开为例外”的准则，严格按照国家和部门有关要求，不断扩大信息公开范围，规范信息公开方式，提升信息公开效能，实现环境信息在全社会的充分共享和价值最大化。以网上审批和在线投诉为突破点，积极延伸政府服务范围，有效降低政府服务门槛，积极推动行政许可事项网上审批，不断扩大公共服务范围，丰富公共服务内容，创新公共服务方式，最终实现网上政府。

（四）加强环境信息化保障体系建设

1. 加强环境信息化技术管理机构建设

充实加强环境信息化工作技术支持单位，出台环境信息化机构规范化建设标准，不断完善环境信息化机构设置，扩大环境信息化机构规模，扩充环境信息化人员队伍，为环境信息化工作的统一管理提供坚实的技术保障。在完善环境信息化管理体制的基础上，健全国家、省、地市、县四级环境信息中心，为环境信息管理现代化提供技术保障。将各级环境信息中心列为全额拨款的公益性事业单位，所需经费纳入财政预算，在行政上隶属同级环境保护主管部门，在业务上接受上级环境信息中心的指导与监督。

2. 健全完善标准规范体系，促进业务信息系统互联互通

标准规范体系是环境信息化发展的重要保障，是网络互通、系统共融、数据互联、信息共享的重要基础。标准规范是信息系统遵循的“技术法则”，对于指导、规范信息化建设具有先导性作用。当前环境保护各项重点工作正在如火如荼地开展，信息化建设是其中重要的内容，一些重要的标准规范制定工作也在有力地推进。但标准规范制定工作起步较晚，差距较大，标准规范体系整体上相对薄弱，已成为制约环境信息化发展的重要因素。大力加强标准规范建设，构建完善的环境信息化标准规范体系，成为一项紧迫而重要的任务。

切实加强标准规范的先导和基础地位。组织实施环境信息化标准规范体系建设工程，将环境信息化标准规范体系切实纳入环境保护科技标准体系之中，切实改变轻视、忽视标准规范的错误看法和标准规范建设严重滞后的不利局面。加大对信息化标准体系建设的支持力度，按照急用先行、全面推进的原则，落实资金、人才、技术等保障措施，下大力气建立健全环境信息化标准规范体系。加强标准规范在全行业的宣传贯彻和推广应用，用成熟的标准规范指导全国环境信息化建设，为全国环境保护信息系统的互通互联奠定技术基础，为解决“信息孤岛”和“数据烟囱”问题提供技术保障。

3. 建立健全环境信息化法律法规体系

在国家信息公开和管理有关法律法规的指导下，制定出台关于环境信息公开和管理的法规、规章等规范性文件，赋予环境信息以明确的法律地位，将环境信息公开和管理纳入法制化轨道，确立环境信息管理和发布的法律原则，确保环境信息化工作牢固的法律基础，全面提升政府部门和社会各界对环境信息的重视程度。

4. 建立健全信息安全保障体系

信息安全是信息化建设的重要组成部分，是保障环境信息化建设顺利进行的基础性工作，必须与信息化项目同步规划、同步建设、同步使用。健全完善

信息安全责任体系，各单位主要负责人作为第一责任人，将信息安全工作摆上重要位置，明确信息安全工作负责人，配备相应的信息安全员，将信息安全责任落实到人。按照计算机信息系统等级保护的要求，实行信息安全状况评估制度，从管理、技术、应急处理等各个方面，不断提高信息系统的安全防御能力和应对、处理各种信息安全突发事件的能力。规范信息安全产品的采购工作和备案制度。

附录一：首席信息官（CIO）主管制度

首席信息官源于美国，是为了加强对信息资源的统筹规划、统一管理而设立。首席信息官直接对最高决策者负责。它的出现标志着信息化战略地位的提升以及适应信息化发展的客观需要。

我国已引进了这一制度，并已在大型企业开始施行。例如宝钢，已经取得了很好的效果。鉴于此，在刚刚发布的国民经济和社会发展信息化“十一五”规划中，也要求在政府部门试行统筹信息化工作的信息主管制度。

在我国，目前政府部门迫切需要一个决策层的信息管理官员来进行信息共享的有机协调、信息资源的深度开发和信息化建设的战略思索。首席信息官主管制度不仅仅是设立一个领导职位，更重要的是要建立起一套完整的信息主管职务体系、一套科学的信息主管流程规范和有效运作的信息化管理机制，实现政府部门从传统型组织到信息化型组织的转型。首席信息官（CIO）主管制度的建立对加强电子政务建设，提升信息化的质量和效益将起重要的作用。

作为首席信息官制度发展最为完善和成熟的国家，美国是通过立法的形式来规定首席信息官的主要职责的。这样做，一方面体现了首席信息官职位本身的权威性；另一方面也为首席信息官明确职责、开展工作提供了强有力的依据。在 1996 年颁布的《信息技术管理改革法》中，美国政府明确规定政府部门首席信息官的主要职责为：

制订战略规划和计划

主要包括：深入理解本部门工作流程，总结和梳理信息化需求，提出部门信息化发展战略，制订中长期规划和短期（年度）计划等。

监控信息化规划和项目的实施

主要包括：运用一切可能的方法，评估信息化项目的绩效，实施有效的项目管理，协调组织内各部门的关系，并向部门首脑提供本部门信息化建设的具体意见，汇报部门信息化的发展进程。

管理和开发利用政府信息资源

政府信息资源的管理与开发利用是政府首席信息官的最主要职责，主要包括：利用技术手段提高本部门信息资源管理的效率，并尽可能使信息资源得到充分开发和利用，实现其使用价值的最大化。

提升部门的信息化实现能力

主要包括：进行一系列评估、培训工作，以不断加强组织的信息化建设能力，包括评估本部门现有管理层与执行层实施信息化的实际能力，评估本部门人员在信息化进程中所需要的知识和技能；针对存在的缺陷和需求，制订相应的培训计划、聘任计划、职业开发计划等；与此同时，关注新技术的发展并进行引进、推广等。

附录二：环境信息司机构设置建议方案

（一）主要职责

1. 研究制定有关环境信息资源的发展政策与措施，指导、协调环境信息资源的开发利用与共享；

2. 研究拟定环境信息化发展的专项规划并组织实施，指导环境信息化统一、协调发展；

3. 组织实施重大环境信息化工程，监督管理 IT 投资，保障投资效益；

4. 推动环境保护电子政务，打造网上政府，促进信息公开；

5. 组织协调和推进信息技术应用，提高业务信息化应用水平；

6. 推动环境信息化基础保障体系建设，为环境信息化发展提供条件；

7. 推动环境信息化普及教育，保证干部信息化意识和应用技能水平不断提高；

8. 权威发布环境信息，树立环境保护公众形象。

（二）内设机构

根据上述职责，环境信息司设 5 个职能处，如附图 1 所示。

1. 信息资源管理处

负责制定环境信息管理办法；负责协调、建立环保系统内部、外部信息共享交换机制；负责环境信息公开、环境信息服务的衔接；负责制定环境信息安全保障措施并监督实施。

2. 电子政务处

负责推动电子政务工程项目的建设实施和升级改造；负责政府网站建设和

维护。

3. IT 规划投资处

负责编制环境信息化发展专项规划；负责编制 IT 投资方案；负责监督管理 IT 投资。

4. IT 技术应用处

负责指导全国范围环保业务信息化技术应用及信息安全技术应用。

5. 信息化基础处

负责制定与执行环境信息化相关标准与技术规范；负责制定环境信息化人才队伍建设规划；负责组织环境信息化教育培训；负责信息化基础设施的改造与升级。

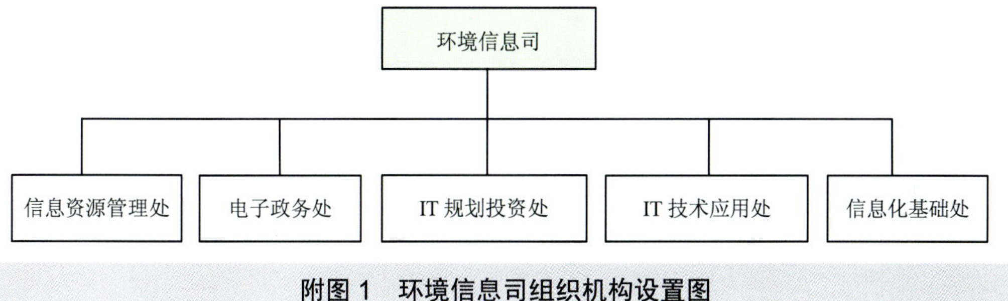

附图 1　环境信息司组织机构设置图

（三）人员编制

行政编制共 23 名，包括：

领导职数：司长 1 名，副司长 2 名；

正、副处长共 10 名。

（四）下属事业单位

环境保护部信息中心由环境信息司归口管理。

环境保护部信息中心是环境保护部环境信息化工作和电子政务建设的技术支持和技术管理单位，主要任务是发挥环境信息网络中心、技术中心和数据中心作用，为环境保护部环境管理和决策提供环境信息技术支持和服务。环境保护部信息中心的具体职责如下。

1. 负责拟定国家环境信息标准和技术规范，并具体承担环境保护部环境信息发展规划、计划的草拟工作；

2. 负责组织全国环境信息网络系统的建设、运行和维护；

3. 负责组织环境管理应用软件的开发、管理和应用推广工作；

4. 承担部机关计算机网络系统、应用系统及政府网站的建设、管理和维护工作；

5. 组织建设集中与分布相结合的环境数据存储管理体系和信息资源共享体系，并组织开展国家级环境数据中心的建设工作；

6. 开展环境信息技术研究与开发，开展环境信息人员技术培训与国际交流；

7. 指导地方环境信息中心的业务工作。

环境保护部信息中心内设综合室、应用室、网站室、网络室、技术室、安全室 6 个室，人员编制 60 名。

附录三：环境信息机构设置规范性要求

（一）人员编制与构成

环保系统环境信息机构和人员构成如附表 1 所示。

附表 1　环保系统环境信息机构和人员构成

级　别	环境信息机构	人　数	性 质	学　历
各省（自治区、直辖市）及副省级城市	事业单位，独立设置	25 人以上	专职	本科以上
省辖市及地区（含地级市、州、盟）	事业单位，独立设置	15 人以上	专职	大专以上
县级市及县		2 人以上	专兼职	大专以上

25 人以上的环境信息事业单位，高级技术职称人员应不少于 5 人，中级技术职称人员应不少于 10 人；15 人以上的环境信息事业单位，高级技术职称人员应不少于 2 人，中级技术职称人员应不少于 6 人；各级环境信息机构中的信息技术专业人员应不少于总人数的 50%。

（二）经费

根据财政部、环境保护部《关于印发〈关于环保部门实行收支两条线管理后经费安排的实施办法〉的通知》（财建[2003]64 号）规定，环境信息机构经费纳入同级财政预算。人员经费按照政府有关部门核定的编制内实有人数和国家规定的工资、津贴补贴标准核定；日常公用经费按照同级财政预算定额核定；专项业务经费按照专项工作的实际需要，单独予以核定，并根据信息技术和业务的发展需要逐年有所增加。年度经费基本保障额度见附表 2。

<table>
<tr><th>类别</th><th>设备名称</th><th>各省（自治区、直辖市）及副省级城市</th><th>省辖市及地区（含地级市、州、盟）</th><th>县级市及县</th></tr>
<tr><td rowspan="5">外设</td><td>刻录机</td><td>2 台</td><td>1 台</td><td>自定</td></tr>
<tr><td>磁盘阵列</td><td>1 套</td><td>自定</td><td>—</td></tr>
<tr><td>数码相机</td><td>3 台</td><td>2 台</td><td>1 台</td></tr>
<tr><td>摄像机</td><td>2 台</td><td>1 台</td><td>自定</td></tr>
<tr><td>GPS 定位设备</td><td>2 台</td><td>1 台</td><td>自定</td></tr>
<tr><td rowspan="7">网络与通信设备</td><td>路由器</td><td>5 台</td><td>3 台</td><td>自定</td></tr>
<tr><td>交换机</td><td>5 台</td><td>3 台</td><td>1 台
（西部地区和贫困县不做要求）</td></tr>
<tr><td>防火墙</td><td>3 台</td><td>2 台</td><td>自定</td></tr>
<tr><td>入侵检测设备</td><td>1 套</td><td>1 套</td><td>自定</td></tr>
<tr><td>因特网接入</td><td>10Mbps</td><td>2Mbps</td><td>512Kbps</td></tr>
<tr><td>卫星通信设备</td><td>1 套</td><td>自定</td><td>—</td></tr>
</table>

3．基本系统软件

附表 5　环境信息机构系统软件配置

软件名称	各省（自治区、直辖市）及副省级城市	省辖市及地区（含地级市、州、盟）	县级市及县
操作系统软件	1 套/机	1 套/机	1 套/机
桌面办公软件	配备	配备	配备
数据库系统软件	配备	配备	自定
地理信息系统软件	配备	配备	自定
系统开发工具软件	配备	配备	自定
遥感图像处理软件	配备	自定	—
网络管理系统软件	配备	自定	—
防病毒系统软件	配备	配备	配备
防垃圾邮件系统软件	配备	配备	自定
多媒体编辑系统软件	配备	配备	自定
视频编辑系统软件	配备	配备	自定

4. 基础应用软件

附表 6 环境信息机构基础应用软件配置

软件名称	各省（自治区、直辖市）及副省级城市	省辖市及地区（含地级市、州、盟）	县级市及县
办公自动化系统	配备	配备	自定
电子公文传输系统	配备	自定	—
基础数据库/数据中心	配备	自定	自定
网站发布系统	配备	配备	配备（西部地区和贫困县不做要求）

5. 其他设备

附表 7 环境信息机构其他设备配置

设备名称	各省（自治区、直辖市）及副省级城市	省辖市及地区（含地级市、州、盟）	县级市及县
复印机	2 台	1 台	自定
传真机	2 台	1 台	1 台
视频编辑设备	1 套	1 套	自定
专用维护工具	1 套	1 套	自定

附录四："环境信息枢纽"建设方案

（一）"环境信息枢纽"核心内容

"环境信息枢纽"是环境信息资源共享与管理的中心，是我国推动环境信息资源共享利用的一种象征。建设"环境信息枢纽"，就是建立环境信息资源统一管理模式，通过体制、制度、技术等多种保障手段，对分散在各个部门、各个单位、各个层面、不同来源、不同形式、不同用途的环境数据实行统一管理，深度共享。

"环境信息枢纽"以智能化的"环境信息大厦"为依托，核心内容是国家环境数据中心。国家环境数据中心以现有环境数据资源为基础，逐步吸纳国内相关领域和国际数据资源，通过整合集成，标准化和归一化处理，形成一批以环境质量、环境统计、污染源管理、生态环境管理为核心，涵盖环境保护范畴的信息集合，通过国家环境数据共享服务平台，进行环境数据资源的整合、加工与交换，实现信息资源的共享（附图 2）。

（二）建设内容

"环境信息枢纽"建设内容围绕 6 个方面开展，即"环境信息枢纽"实体的建设、环境数据资源整合体系建设、环境数据共享技术保障体系建设、环境数据共享服务体系建设、通用信息交换体系建设和安全保障体系建设。

1. "环境信息枢纽"实体——"环境信息大厦"（环境保护部信息中心）建设

环境信息大厦是体现环境信息共享利用的有形实体，大厦建设的主要任务是建设智能化的共享与管理的硬件环境，支撑环境信息资源的开发利用（附图 3）。

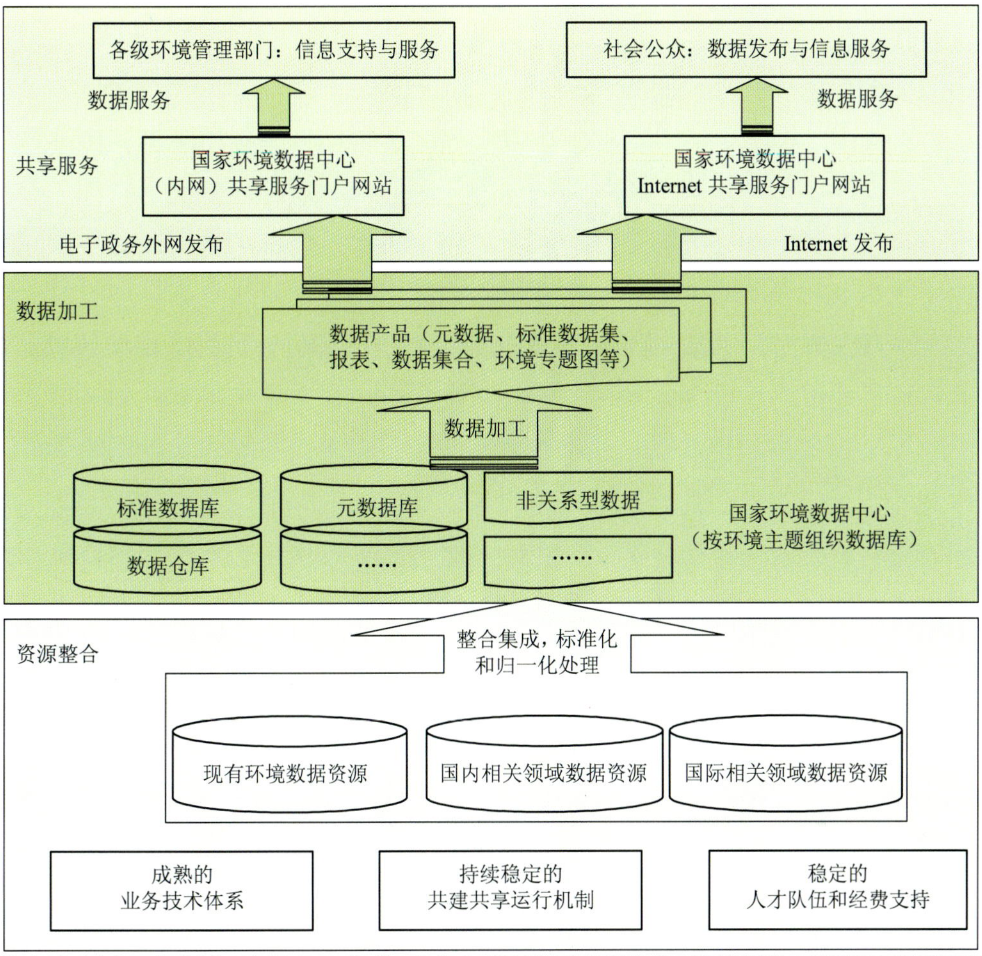

共享服务

各级环境管理部门：信息支持与服务

社会公众：数据发布与信息服务

数据服务

数据服务

国家环境数据中心
（内网）共享服务门户网站

国家环境数据中心
Internet 共享服务门户网站

电子政务外网发布

Internet 发布

数据加工

数据产品（元数据、标准数据集、
报表、数据集合、环境专题图等）

数据加工

标准数据库

元数据库

非关系型数据

数据仓库

……

……

国家环境数据中心
（按环境主题组织数据库）

资源整合

整合集成，标准化
和归一化处理

现有环境数据资源

国内相关领域数据资源

国际相关领域数据资源

成熟的
业务技术体系

持续稳定的
共建共享运行机制

稳定的
人才队伍和经费支持

附图 2　国家环境数据中心建设思路示意图

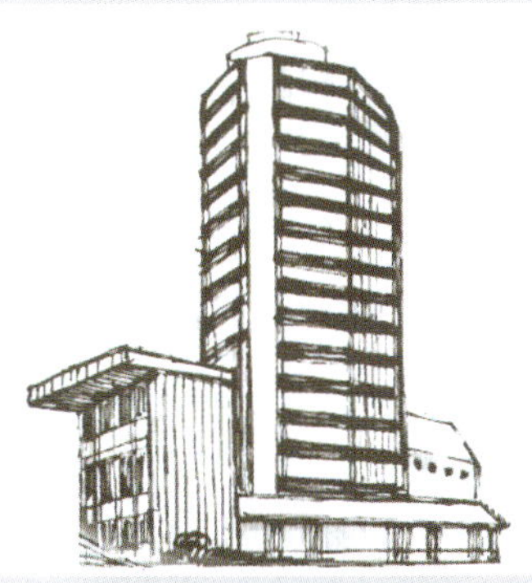

附图 3　环境信息枢纽——环境信息大厦

2. 环境数据资源整合体系建设

主要任务是整理整合各类环境业务、环境政务、环境科研数据，形成标准格式的数据库或数据集，并对这些标准的数据库或数据集进行加工处理，形成可用于发布或共享的环境数据产品，主要内容包括：环境基础数据、环境元数据、环境法规与标准数据、环境文献与公报数据、环境质量数据、环境统计数据、环境背景数据、生态环境保护数据、生物多样性保护数据、辐射环境数据、其他环境管理相关数据等。

3. 环境数据共享技术保障体系建设

构建必要的信息共享技术支撑环境，形成信息交换与共享机制、建设信息资源目录体系和服务体系、搭建系统与应用支撑环境。通过对数据分级分类、发布策略、数据格式、质量控制标准的研究和建设规范、运行管理制度的制定，构建环境数据中心的共享技术保障体系，形成环境数据共建共享和持续稳定运行机制。

4. 环境数据共享服务体系建设

建成具有环境元数据导航、信息管理、分析、查询和发布功能的数据共享服务平台，开展多层次、多目标的环境数据分析、处理、共享与应用服务，并通过广域互联网方式提供具有综合性、全面性、权威性和实时性的环境数据服务，全方位地支持国家环境数据的发布，为使各级政府部门、科研机构和社会公众能够迅速、方便地获取环境信息及其技术服务，为促进环境信息大范围、高效率地共享和应用提供急需的数据基础和技术手段。

5. 通用信息交换体系建设

包括建立完善的数据采集与接收系统、数据整合加载系统、安全可靠的数据交换系统及数据审核机制。

6．安全保障体系建设

包括标准规范建设、信息安全保障体系建设、管理制度与队伍建设。

（三）基础设施——环境信息大厦建设

环境信息大厦作为环境信息枢纽的实体，是整合、管理环境信息，支撑交换共享的核心基础设施。环境信息大厦通过集成数据中心、网络与安全中心、技术中心、共享服务中心等各项功能，实现环境信息的统一管理，实现环境信息交换，实现环境信息共享，实现环境信息安全监控，为国家环境保护提供信息保障。同时，大厦还将在环境信息化的规划建设中发挥重要作用，也是国家环境信息化建设的中心枢纽（附图 4）。

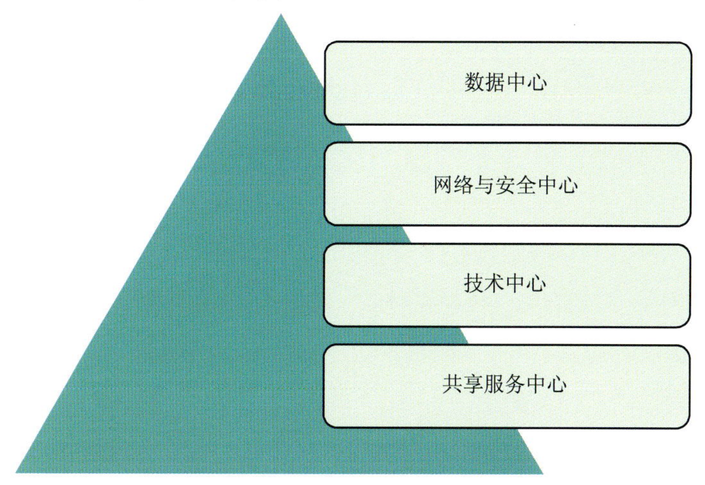

附图 4 环境信息大厦功能图

1．建筑规模

环境信息大厦主体规划建筑面积 2.2 万 m^2（附表 8），其中：

数据中心：0.5 万 m^2；

网络与安全中心：0.5 万 m^2；

技术中心：0.5 万 m^2；

共享服务中心：0.5 万 m^2；

配电、监控等：0.2 万 m^2。

附表 8　环境信息大厦各部门建筑面积

部门	面积	备注
数据中心	5 000m^2	业务办公及数据存储设备机房
网络与安全中心	5 000m^2	业务办公及网络设备机房
技术中心	5 000m^2	业务办公及开发实验室
共享服务中心	5 000m^2	业务办公、会议
其他	2 000m^2	档案、配电、监控等设备机房
总计	22 000m^2	主体总面积

2. 建筑面积测算

（1）数据中心

根据调研，包括影像数据资料在内，环境信息的数据量可以达 20～100TB。为满足存储需要，应设置建筑面积为 3 000m^2 的存储及配套设施用房。办公用房按工作人员数量 100 人，人均使用面积 20m^2 计算，应为 2 000m^2。

（2）网络及安全中心

据初步估算，大厦应设置面积为 3 000m^2 的网络设备及配套设施用房，用于支撑信息共享所需网络环境的运行维护。办公用房按工作人员数量 100 人，人均使用面积 20m^2 计算，应为 2 000m^2。

（3）技术中心

技术中心设置实验室，设备用房面积设置为 3 000m^2。办公用房按工作人员数量 100 人，人均使用面积 20m^2 计算，应为 2 000m^2。

（4）共享服务中心

共享服务中心是对外共享服务的窗口，设置会议室、教室、接待室等 3 000m^2。办公用房按工作人员数量 100 人，人均使用面积 20m^2 计算，应为 2 000m^2。

（5）其他

分别设 500m^2 的档案室，500m^2 的监控室，500m^2 的配电室，500m^2 的其他附属用房，如活动室等。

附录五：环境信息化中期重点建设项目

环境信息化中期发展的核心是“重点突破”环境管理业务信息化建设，将围绕着以下几个重点业务工作组织开展，全面提升国家环境信息化工作的整体水平。

（一）环境信息基础能力建设

环境信息基础能力建设是今后一段时期环境信息平台基础的建设内容，具体包括以下建设项目。

1. 国家环境保护政府网站建设工程

国家环境保护政府网站建设工程的目标是：满足环保系统政务公开的需求，为社会公众和企业单位提供信息服务。

国家环境保护政府网站建设工程的主要内容是：建设政府网站动态信息发布管理系统，利用内容管理技术，实现政府网站编辑、审核、发布、统计等各项功能的实时管理。开展政府网站的信息互动应用建设，为政府了解社会公众和企业的信息和意见提供信息发布和采集平台，为环境保护政务公开提供信息交流服务。在政府网站上建设“一站式”环境信息服务系统，逐步开展包括网上申报、项目公示、网上采购和招标、举报、信访、服务等电子政务应用。建设政府网站环境信息共享数据库，通过因特网提供对环境保护各类文档和数据库的查询服务，为公众和企业提供各类公共环境数据和信息服务。

2. 国家环保电子政务综合平台建设工程

国家环保电子政务综合平台建设工程的目标是：为各级环境保护管理部门提供信息服务和业务管理平台，满足环保系统政务管理和业务应用的需求。

国家环保电子政务综合平台建设工程的主要建设内容是：建立全国环境保

护电子政务综合平台，采用分布式的管理体系，为各级环境保护管理部门提供包括信息发布、信息交换、行政审批和业务管理的办公平台，实现全国环境保护管理部门的信息共享和业务协同。建立基于环保电子政务外网的网络视频管理系统，实现在广域网上的多路视频点播和视频直播，包括用户权限管理、视频的自动采集和上传发布、多种视频源的采集和动态管理、网络带宽资源的自动负载等功能。建立基于环保电子政务外网的个人办公助理智能客户端，完成个人信息和事务的管理，包括电子邮件系统、日程管理、即时通信等，提供个性化办公空间。建立基于环保电子政务外网的公文管理系统，实现公文的远程传输和审批。系统分成收文管理和发文管理两部分，采用可靠的安全保密技术，保证公文在传输过程中的安全可靠，并通过对公文的打印控制，实现电子公文和纸质公文的一致性。建设基于环保电子政务外网的环境保护政务审批办公平台，通过对各类环境保护行政审批业务流程的管理，主要包括信访管理、政务督办、建设项目审批、环境保护项目审报等，实现各级环境保护管理部门审批工作的网络化和电子化。

3. 国家环境信息应用支撑平台建设工程

国家环境信息应用支撑平台建设工程的总目标是：采取平台化支撑、模块化开发和组装的方式，为各项环境业务应用提供支撑。

国家环境信息应用支撑平台建设工程的主要建设内容是：通过建立环境保护业务应用支撑平台，建立成熟的应用支撑技术体系，规范相关的技术路线；在此基础上，通过用户集成、界面集成、数据集成、地图集成、流程集成等多种方式整合各个业务应用系统；通过遵循相关的应用支撑技术规范，为各类新建业务系统的建设提供支持；实现充分利用各种信息资源，重组优化环境管理业务流程，提高环境政务管理和业务管理方面的工作效率，为各类业务协同和决策支持提供强有力的技术支撑。

4. 国家环境信息资源共享平台建设工程

国家环境信息资源共享平台建设工程的总目标是：全面提高环境数据管理

水平，增强环境数据共享服务能力，为环境管理、政府决策、环境信息公开提供全面的多层次的环境数据服务。

国家环境信息资源共享平台建设工程的主要建设内容是：初步建成国家环境数据中心，形成整个部门的共享网络体系，从而全面提高环境数据管理水平，极大增强环境数据共享服务能力，为环境管理、政府决策、环境信息公开提供全面的多层次的环境数据服务。

国家环境信息资源共享平台应集中建设各类业务数据库，具体包括：污染物减排数据库、污染源数据库、环境监测数据库、环境规划数据库、生态环境数据库、核与辐射数据库、环境影响评价数据库和环境监察执法数据库，实现各个数据库之间的信息共享，并对数据内容进行加工分析，采用汇总统计等手段加强信息整合，挖掘数据价值。

同时，国家环境信息资源共享平台应集中建设政务信息文档库，具体包括：政务办公信息库、政策法规信息库、科技标准信息库、国际合作信息库、宣传教育信息库和环境保护机构信息库，实现各个业务部门之间的协同工作和资料交换，从而提高工作效率和文档共享水平。

5. 国家环境信息标准规范体系建设工程

国家环境信息标准规范体系建设工程的总目标是：遵循国家相关标准，研究制定环境信息化建设急需的标准规范，建立并不断完善环境信息标准规范体系。

国家环境信息标准规范体系建设工程的主要建设内容是：建设环境信息标准规范体系，在统一的标准规范体系框架下，针对环境信息系统建设情况，参照已有相关国内外标准和规范，制定环境信息化各类标准规范。制定环境信息化标准指南，作为环境信息技术标准工作的纲领性文件，指导环境信息化标准的实施，为环境信息化建设提供技术保障。制定业务应用相关信息标准，结合业务应用系统的开发需求，参考国内相关部门的信息标准，制定业务应用系统建设的相关行业标准，为各类业务应用系统建设提供技术规范。

6. 国家环境信息安全保障和运行管理体系建设工程

国家环境信息安全保障和运行管理体系建设工程的总目标是：通过建设信息安全管理平台和系统管理平台，为整个环境信息化建设和运行提供安全管理、运行维护服务，保障环境信息系统正常稳定的运行。

国家环境信息安全保障和运行管理体系建设工程的主要建设内容是：建立网络安全保障体系，采用包括防火墙、入侵检测、漏洞扫描、安全审计、Web信息防篡改、非法外连监控、物理安全等基础安全技术，实现电子政务外网、电子政务内网和因特网接入网的网络安全和稳定运行。建立系统安全保障体系，通过操作系统安全技术，结合使用安全过滤技术、数字水印技术、内容监控与恢复技术来实现对非可信信息的安全隔离。建立完善的网络病毒防治服务体系，实现网络病毒的有效防控。建立信息安全保障体系，为业务应用系统的运行和维护提供信息安全保障。提供基本 PKI 数字证书机制的实体身份鉴别服务，建立全系统范围内一致的信任基准，为实施“一次登录，全网通行”提供技术支持。建立管理安全保障体系，制定完善的网络安全管理制度、系统安全管理制度、信息安全管理制度和应急响应方案等。建立国家级网络管理中心。通过建立网络管理平台实现对电子政务内网、电子政务外网和因特网接入网的管理和监控；通过建立系统监控平台，加强对各类系统软件和业务应用系统的监控和管理，提高各类业务应用系统的安全性和稳定性。

（二）环境业务信息化建设

1. 环境污染物减排信息系统建设

环境污染物减排工作是环境保护的一项重点工作，根据减排工作的相关需求，开展污染物减排信息系统建设，是环境信息化建设的一项重要内容。

（1）重点污染源自动监控系统

重点污染源自动监控系统建设的目标是：实现各级重点污染源污染物排放的实时在线监控，从而掌握污染物排放的实际情况，为污染物减排工作奠定基础。

重点污染源自动监控系统建设的内容包括监控终端建设、监控中心建设和应用软件开发等内容。具体包括：对重点污染源的污染物排放情况数据进行实时采集和传输汇总，建立重点污染源污染物排放基础数据库；建立全国重点污染源自动监控中心，为污染物减排管理工作提供支持。

（2）环境信息与统计系统

环境信息与统计系统建设的目标是：建设覆盖全国的广域网络和减排数据管理平台，为减排工作的各项信息技术应用提供支撑。

环境信息与统计系统建设内容包括基础网络建设、减排数据库建设、减排应用系统建设、信息标准和技术规范建设、环境统计等内容。

2. 全国污染源普查信息系统建设

全国污染源普查工作的核心是数据的调查和分析应用，污染源普查信息系统建设工作渗透贯穿在整个普查工作中的每一个环节，对于规范普查数据、提高普查效率、深入应用有着至关重要的作用，它的有效利用是普查工作成败的关键。

全国污染源普查信息系统建设的内容有数据采集系统、数据交换平台、数据处理平台和数据发布平台。具体包括：污染源普查数据采集软件、现场调查系统、污染源普查协同办公系统、污染源普查中心数据库、数据交换监控中心、污染源监测数据处理、污染源空间数据分析、污染源普查指标计算和汇总统计、普查工作专家系统等内容。

3. 环境监测管理信息系统建设

环境监测管理信息系统建设的目标是：通过信息化手段，从国家宏观尺度说清全国环境质量状况及其变化，及时、准确、全面地掌握全国和重点区域（流域、海域）环境质量和生态状况及其变化趋势。

环境质量监测管理信息系统建设的重点领域是地表水水质监测和大气质量监测。

环境监测管理信息系统建设的主要内容是：通过统一的环境信息基础网络，对地表水、大气等监测数据进行动态采集和数据汇总；建立地表水、大气监测基础数据库，通过环境监测数据加工处理和综合分析，提高环境质量报告的时效性、准确性，宏观掌握我国环境质量时空变化状况；充分利用遥感、地理信息系统等空间信息技术手段，全面提升环境风险识别评价、环境质量短期变化预报预警等能力；通过建立环境质量监测管理决策支持系统，对环境质量的中长期演变趋势进行预测分析，对环境管理宏观政策实施效果进行模拟和评价，为环境管理和综合决策提供支持。

4. 规划财务信息系统建设

规划财务业务信息化建设能够为环境管理人员充分利用信息技术的数据处理能力提供有效的数据加工工具。

（1）环境统计信息系统

环境统计信息系统的建设目标是：通过信息化手段，动态掌握各项环境统计数据，了解全国环境质量、污染治理和环境管理等方面的统计数据，全面提升环境监督管理水平，强化环境统计能力，为环境管理和决策提供支持。

环境统计信息系统建设的主要内容是：对各类环境统计数据进行动态采集和汇总，在各级环保局建立环境统计数据库；建立环境统计数据的动态采集和汇总统计系统，为各级环境管理部门开展环境管理工作提供支持；建立环境统计数据分析加工系统，对环境统计数据进行分析和汇总，定期发布环境统计信息，为领导决策和社会公众提供环境统计数据服务。

（2）财务监管信息系统

财务监管信息系统的建设目标是：利用信息技术手段支撑预算管理业务，摆脱繁重的手工处理，减轻劳动强度，提高办事效率，同时为领导提供随时查询和控制预算的手段并能为决策提供及时、准确、有效的支持，实现从环保部到直属单位的财务监控管理、数据分析、过程控制、决策支持等功能，并且能够对能力建设情况进行动态监控，保障能力建设项目的正常实施。

财务监管信息系统的建设内容包括：利用信息系统，动态编制、发布、执行各项建设预算，并实现有效的评估，建设预算项目数据库；实现预算信息和各个部门之间的申报、审批等工作流程，实现预算工作的电子化，提高信息沟通效率和信息处理速度；统一管理各级环境管理部门的预算信息，灵活定制各类统计报表，为环境管理决策提供服务和支持。

（3）专项资金管理系统

专项资金管理系统建设的目标是：根据各级环境管理部门专项资金项目申报要求，申报、审核、管理各项环境保护专项资金项目，建立环境保护专项资金项目库，将所有环境保护专项资金项目纳入项目库，实行滚动管理，并对项目执行进行跟踪管理。

专项资金管理系统的建设内容是：通过网络应用技术，开展项目申请、审批、实施监管等一系列工作，提高环保专项资金管理的工作效率；强化审批执行环节，提高执行力度，保证环保专项资金项目管理资金合理分配；持续监控与管理项目进展，掌握项目审批、实施、验收管理的进度，保证项目完成质量和资金的使用质量。

5. 污染防治信息化建设

根据《国务院关于落实科学发展观加强环境保护的决定》，新时期环境保护工作的重中之重是污染防治，其中包括以饮用水安全和重点流域治理为重点的水污染防治和以降低二氧化硫排放总量和城市大气环境管理为重点的大气污染防治。

（1）饮用水水源地管理信息系统

饮用水水源地管理信息系统建设的目标是：通过信息化手段，动态掌握全国饮用水水源地的环境状况，全面提升饮用水水源地保护的监督管理水平，强化水污染事故的预防和应急处理能力，确保城乡群众的饮水安全。

饮用水水源地管理信息系统建设的主要内容是：对饮用水水源地环境状况数据进行动态采集和汇总，建立饮用水水源地环境保护状况基础数据库；建立全国饮用水水源地动态监管信息系统，为水源地范围内的环境污染控制和生态保护综合管理提供支持；建立饮用水水源地污染预警与应急管理系统，对实时

6．生态环境保护信息化建设

生态环境保护工作的目标是：促进人与自然和谐发展，力争使生态环境恶化趋势得到基本遏制。今后一段时期，生态环境保护信息化建设的重点领域是土壤污染防治、自然保护区管理和生物多样性管理。

（1）生态功能保护区数据库和信息发布系统

生态功能保护区数据库和信息发布的建设目标是：发布生态功能保护区相关政策法律法规，发布和更新生态功能保护区相关信息，展示生态功能保护区建设最新成果，为各级政府和部门决策提供依据，为公众了解、参与和监督生态功能保护区建设和管理提供有效的信息交流平台。

生态功能保护区数据库和信息发布系统建设的主要内容是生态功能保护区环境质量状况、生态功能保护区政策法律法规、生态功能保护区标准、技术规范、国家重点生态功能保护区建设规划、国家重点生态功能保护区名录（名称、范围、主导生态功能、面积）、生态功能保护区建设项目及监督管理等。

（2）土壤污染防治信息系统

土壤污染防治信息系统建设的目标是：通过信息化手段，全面、系统、准确地掌握全国土壤环境质量总体状况及其变化趋势，为评估土壤污染风险，确定土壤环境安全级别，制定土壤污染防治与修复对策提供基础数据支撑。

土壤污染防治信息系统建设的主要内容是：通过对土壤调查数据采集和汇总，建立全国土壤环境质量数据库及其应用系统；通过土壤调查数据加工处理和综合分析，制作全国土壤环境质量专题图集，进行土壤污染风险评估，确定土壤环境安全级别；运用信息技术手段，提升土壤环境质量动态监控能力，实现土壤环境质量动态信息发布，为土壤环境保护工作提供技术支持。

（3）自然保护区管理信息系统

自然保护区管理信息系统建设的目标是：通过信息化手段，建立一个类型多样、分布合理、管理科学的自然保护区网络，实现自然保护区建设由数量型向质量型转变，提高自然保护区的管护能力与建设水平。

自然保护区管理信息系统建设的主要内容是：建设全国自然保护区综合信

息平台，实现自然保护区管理工作的信息化；建立自然保护区管理评价模型和自然保护区动态监管系统，为环境管理和综合决策提供支持。

（4）生物多样性管理信息系统

生物多样性管理信息系统建设的目标是：通过信息化手段，加强物种资源保护和安全管理，强化生态影响监控、安全防治和应急机制，提高生物物种资源管理能力。

生物多样性管理信息系统建设的主要内容是：建立物种资源基础数据库，为生物物种资源管理工作提供数据服务；建设物种资源调查、生物物种资源进出口查验等业务应用系统，提高生物物种资源业务管理水平；建设全国生物物种资源网站，开展生物物种资源保护的宣传教育。

（5）全国生物物种资源数据库

全国生物物种资源数据库建设的目标是：收集并整理国家生物物种资源调查项目数据成果，不断丰富和完善各领域物种资源编目数据库；收集整理国家生物物种资源调查项目 3 年（2004—2006 年）的文档资料成果，丰富基于环保部办公内网的生物物种资源数据库平台的发布内容，为国家生物物种资源管理工作提供灵活多样的数据支持与服务。

（6）农村环境质量评价信息系统

农村环境质量评价信息系统建设的目标是：在收集全国各地农村地区环境状况基础信息（水、土、气环境状况，第一、第二、第三产业及生活污染物产生量、处置情况及污染情况）的基础上，对各地区的农村环境质量做出综合评价，为制定农村环境保护法规、政策，开展农村环境保护工作提供信息支持。

农村环境质量评价信息系统建设的主要内容是：建设全国环境基础信息收集系统、农村环境质量评价系统，为农村环境质量评价提供依据。

7. 核与辐射环境管理信息化建设

核与辐射环境管理工作的目标是：以核电站建设和运营的安全监管为重点，加强核设施的安全监管和放射性废物处理处置，健全放射源安全监管体系，全面加强核与辐射安全管理，确保核与辐射环境安全。今后一段时期，核与辐射环境管理信息化建设的重点领域是核设施安全监管和辐射环境管理。

（1）核设施安全监管信息系统

核设施安全监管信息系统建设的目标是：通过信息化手段，建成与我国核电和核技术发展规模相适应的、比较完善的核安全监管体系，提高核设施的监管水平，保障核设施的安全运行。

核设施安全监管信息系统建设的主要内容是：完善核设施监管基础网络，建设核设施安全管理系统，实现对核电厂、研究堆、核设备、核燃料循环设施等核设施的安全监管，为核设施的安全决策、安全监督、安全审评、事故应急、技术研究提供信息支持。

（2）辐射环境管理信息系统

辐射环境管理信息系统建设的目标是：通过信息化手段，全面说清辐射环境质量，确保辐射环境得到有效监控，提高辐射污染防治水平。

辐射环境管理信息系统建设的主要内容是：通过统一的环境信息基础网络，对辐射环境管理数据进行动态采集和数据汇总，建立辐射环境基础数据库；建立辐射环境管理信息系统，实现对放射源、射线装置和电磁辐射设施的监管；通过对信息的综合利用，定期开展安全评价工作，为辐射环境管理提供信息技术支持，提高我国辐射安全监管能力。

8. 环境影响评价信息化建设

（1）建设项目环评管理信息系统

建设项目环评管理信息系统建设的目标是：通过信息化手段，强化环境影响评价和“三同时”制度，为宏观决策和公共服务提供技术支持。

建设项目环评管理信息系统建设的主要内容是：通过业务数据传输和汇总，建立环境影响评价基础数据库；构建环境影响评价网上审批系统，实现建设项目环境影响评价管理工作信息化；建立建设项目“三同时”竣工验收管理系统，为建设项目竣工验收管理提供技术支持；根据《中华人民共和国环境影响评价法》，及时发布环评信息，推进和规范公众参与环境影响评价活动。

（2）建设项目台账管理信息系统

建设项目台账管理信息系统建设的目标是：实现对建设项目台账数据的统计、分析功能，为建设项目台账相关人员提供辅助决策依据。

建设项目台账管理信息系统建设的主要内容是：建设项目台账数据管理，形成台账数据库，集中管理建设项目台账信息。

（3）环境质量模拟与评估系统

环境质量模拟与评估系统建设的目标是：通过污染扩散模型模拟与分析，提高对区域、流域的建设项目监管能力。

环境质量模拟与评估系统建设的主要内容是：建立区域大气、水等环境质量动态模拟及相关系统，通过空气污染扩散模型、水体污染扩散模型等分析功能，为相关人员提供决策依据。

9. 环境监察与执法监督信息化建设

围绕环境保护中长期重点工作，以综合评估、及时预警、快速反应、科学管理为目标，以自动化、信息化为方向，建设完备的环境执法监督体系。环境执法监督信息化建设的重点领域是环境影响评价、排污申报和排污收费、危险废物管理和污染源在线监控。

（1）污染源管理信息系统

污染源管理信息系统建设的目标是：围绕污染源总量控制目标，通过信息化手段，加强对排污企业的监管力度，为污染源管理的科学决策提供技术支持。

污染源管理信息系统建设的主要内容是：通过统一的环境信息基础网络进行数据传输和汇总，建立包括排污申报、排污收费、环境统计等基础数据库，实现污染源数据的“三表合一”；建立统一的污染源管理系统，为排污申报、排污收费和环境统计三项管理工作的协同提供信息技术支持。

（2）突发环境事件应急管理信息系统

突发环境事件应急管理信息系统建设的目标是：通过信息化手段，提高应对涉及公共危机的突发环境事件的处置能力和相关信息资源的开发利用水平，为环境应急管理提供技术支持。

突发环境事件应急管理信息系统建设的主要内容是：依托统一的环境信息基础网络，建立环境应急指挥与调度系统、应急通信网络平台、应急数据中心及基础数据库、应急决策支持系统、应急监测预警系统、应急现场处置系统、应急后评估系统、应急容灾备份系统，提高突发环境事件的应急处置能力。

（3）环境违法案件现场执法管理信息系统

环境违法案件现场执法管理信息系统建设的目标是：实时了解各地方环保部门对环境违法案件的现场执法情况、查处进程等，详细地了解环境违法案件的处理情况，提高环境执法工作的处理能力。

环境违法案件现场执法管理信息系统建设的主要内容是：录入环境违法案件相关信息，按照各种条件查询事件信息，并进行相应的统计分析，找出规律，为最终提高环境违法案件处理效率提供信息技术支持。

（4）电子政务效能监察系统

电子政务效能监察系统建设的目标是：对行政许可审批项目的审批过程实施监察，提高工作效率，限时办结，防止程序、制度执行得不规范，当出现审批等工作超时则给出提示，提高环保行政审批的工作效率。

电子政务效能监察系统建设的主要内容包括：建设行政审批、公文流转的流程监控、人员操作监控、审批超时提醒、审批效率排行等，最大限度地提高环保业务审批工作人员的效率。

（5）环境监察执法数据库系统

环境监察执法数据库系统建设的目标是：构建统一的环境监察执法信息中心数据库系统，为环境监察执法工作的开展奠定信息化整合的基础。

环境监察执法数据库系统建设的内容是污染源数据库和生态监察对象数据库。污染源数据库将建立基于 GIS 技术的全国污染源数据库，体现数十万家具体排污单位的环境监察执法管理数据。生态监察对象数据库将根据生态环境监察工作具体内容对生态环境监察对象进行组织分类管理，建立数据库，实现生态环境监察的信息化管理。

（三）环境政务信息化建设

1. 政务办公信息系统建设

作为行政管理机构，各级环境管理部门的信息化工作也是电子政务工作的重要组成部分。利用信息技术手段提高政务办公和行政管理效率是环境信息化建设的重要目标之一。

（1）电子政务外网交换平台

电子政务外网交换平台建设的目标是：在覆盖全国的环境信息网络上，为政务信息的共享和交换提供应用支持，实现各类政务信息的上传和下达，确保各级环境管理部门之间实现高效便捷的信息沟通和交互。

电子政务外网交换平台建设的主要内容是：建设环保电子政务外网信息门户网站，建立全国环境综合信息平台，在统一的信息门户上实现各级环境管理部门的信息交换；建设电子政务信息目录体系，在有效的权限控制和管理体系下，实现各级电子政务目录信息的读取、存储和共享；建设统一的用户身份认证平台，实现各级环境管理部门用户身份的统一管理，并实现单点登录功能。

（2）远程公文传输系统

远程公文传输系统建设的目标是：依托全国环境信息网络，实现异地环境管理部门之间的电子公文收发，从而真正实现“无纸化”办公。

远程公文传输系统建设的内容包括：对各地环境管理部门的公文信息进行编辑汇总和传输，建立环保公文数据库；建立各级环境管理部门公文信息的动态发布系统，为电子政务管理提供支持；建立有效的用户身份校验和权限控制机制，确保公文传输的安全性和可靠性。

（3）信访管理系统

信访处理部门承担着繁重的环境信访工作，是为民服务、政务公开的窗口部门。信访管理系统的建设目标是利用信息技术手段支撑信访业务工作，摆脱繁重的手工处理，减轻劳动强度，提高办事效率，避免信访管理的“信息孤岛”现象，方便领导随时查询信访情况，改善信访管理的规范性和科学性，强化信访服务功能，充分实现环境数据资源整合，并能为决策提供及时、准确、有效的支持。

信访管理系统建设的内容包括：建立全国环境信访管理信息系统，实现各级环保部门网上录入、转办、处理、督办、查询功能，完成环境信访的异地受理、交办与督办，信访案件查处情况的信息查询和环境信访工作情况季度、年度统计的信息传输等功能，扩充信访受理渠道，将电话投诉和网上投诉纳入信访管理范围；实现各部门之间的转办、处理、反馈的网上流转，充分整合各个渠道的信访管理数据；统一管理各级环境管理部门收集的信访信息，灵活定制各类统计报表，为环境管理决策提供服务和支持。

（4）值班管理系统

值班管理系统建设的目标是：通过信息化手段，及时响应值班管理信息，有效实现各级环境管理部门的消息传递和沟通，确保值班管理工作对各类消息做出及时有效的反馈。

值班管理系统建设的主要内容是：采集和汇总各级环境管理部门的值班信息，建立值班信息库；建立值班管理系统，登记并反馈各类值班信息，地方环保部门按照固定格式报送值班信息，值班室能够实现信息按照固定格式接收、打印、签收、退回重发等功能，为电子政务管理提供技术支持。

（5）政务信息报送系统

政务信息报送系统建设的目标是：利用信息技术实现各级环境管理部门对政务信息的上报、汇总和发布，为实现政务信息管理提供技术支持，采用信息发布、公告发布、评比通告、工作论坛等方式进行政务信息的发布功能。

政务信息报送系统建设的主要内容是：对各级环境管理部门和政务信息上报点进行政务信息采集和汇总，建立政务信息数据库；运用信息技术手段，建设政务信息报送网站和发布平台，对政务信息管理和发布进行数据分析和汇总统计；建立政务信息管理系统，及时发布政务信息简报，为领导利用政务信息进行管理决策提供技术支持。

（6）档案管理系统

档案管理系统建设的目标是：利用信息技术对各类环境档案进行分卷归档、

查询检索和档案研究工作，为建立“数字环保档案馆”提供技术支持。

档案管理系统建设的内容包括：对纳入档案管理范围内的各类档案信息进行电子化，并实现数据管理，建立环保档案信息库；运用信息技术手段对档案进行分析加工和发布，允许用户方便地进行借阅和查询；建立环保档案辅助研究系统，为管理决策者利用档案进行决策支持提供信息工具。

（7）会议活动管理系统

会议活动管理系统建设的目标是：利用信息技术实现对会议活动的预定、参会人员登记、查询、统计、会前通知、会后记录等功能，为提高会议活动管理工作效率提供技术支持。

会议活动管理系统建设的内容包括：网上登记会议活动，并实现相关的会议活动管理功能，建立会议信息库；运用信息技术手段对会议活动进行统计，允许用户方便地进行查询。

2. 政策法规信息系统建设

（1）环境政策法规信息系统

环境政策法规信息系统建设的目标是：通过信息化手段，发布、共享各项法规制度，提高政策法规的管理水平。同时为环境经济政策制定提供依据和参考，并适时在环保系统内部共享环境经济政策相关信息和数据，推动环保部门各单位在环境经济政策工作中发挥更大作用。

环境政策法规信息系统建设的主要内容是：建立政策法规信息库，对环境政策、法律规范等信息进行编制、审核、公示、发布等信息处理；建立政策法规信息处理系统，实现对政策法规编制工作流程的管理；通过对信息的综合利用，为环境管理提供信息技术支持，提高我国环境政策法规的编制能力。建设环境经济政策信息库，包含我国现行环境经济政策及其实施情况、国内环境经济政策相关研究情况及分领域专家情况、我国经济部门统计分析的与环境有关的经济数据以及国外环境经济政策及其实施情况等。

（2）数字化行政执法评议考核系统

数字化行政执法评议考核系统建设的目标是：利用信息技术实现各级环境

管理部门对行政评议和行政诉讼的业务工作管理，为实现行政评议业务管理提供技术支持。

数字化行政执法评议考核系统建设的主要内容是：对各级环境管理部门的行政评议和行政诉讼业务进行信息采集和汇总，建立行政评议信息库；运用信息技术手段，建设行政评议业务处理工作流程管理系统和信息发布平台，对行政评议信息管理和发布进行业务处理和信息共享；建立行政评议信息发布系统，及时发布有关信息，为领导进行管理决策提供技术支持。

3. 科技标准信息系统建设

（1）环境质量标准和污染物排放标准备案管理系统

环境质量标准和污染物排放标准备案管理系统建设的目标是：利用信息技术实现对环境质量和污染物排放标准的查询、察看、导入等功能，为环境科技标准人员制定相关标准提供参考依据。

环境质量标准和污染物排放标准备案管理系统建设的主要内容是：导入环境质量和污染物排放相关标准，实现对标准的查询（按照标准编号，标准名称等）功能，为科技标准制定提供辅助决策依据。

（2）国家环保标准征求意见系统

国家环保标准征求意见系统建设的目标是：实现国家环保标准征求意见稿的网上公布功能，收集各有关单位反馈意见，并能够提供意见填写、提交功能，为国家环保标准提供全方位的意见。

国家环保标准征求意见系统建设的主要内容是：上传国家环保标准征求意见文本，相关单位查看标准文本，并在相应的位置填写意见并提交，保证国家环保标准编制的公正性、权威性。

（3）环保科技项目管理系统

环保科技项目管理系统建设的目标是：实现环保科技项目的网上申报、受理、审批、公示等功能，为科技项目承担单位提供网上申报的窗口，提高环保科技项目申报的工作效率。

环保科技项目管理系统建设的主要内容是：建设网上申报系统，实现网上申报功能；建设网上审批系统，实现网上审批项目功能，并根据审批时间做出相应提醒，提高科技项目申报审批的工作效率，实现科技项目承担单位通过系统查询审批状态的功能。

（4）环境污染事故与纠纷相关健康损害信息管理系统

环境污染事故与纠纷相关健康损害信息管理系统建设的目标是：通过调查、收集环境污染事故与纠纷案例，整理环境污染事故与纠纷的时间、地点、主要原因、主要污染物、污染类型、相关健康损害等数据，建立数据库，为今后进行我国环境污染引起健康损害的基本情况研究积累经验，为环境与健康管理工作提供科学支持。

环境污染事故与纠纷相关健康损害信息管理系统建设的主要内容是：建立环境污染事故与纠纷相关健康损害的数据收集标准、数据库结构，以国家环保行政部门掌握的环境污染事故与纠纷信息为主要数据源，同时收集中文期刊文献数据库、网络媒体报道等的相关数据，建立环境污染事故与纠纷案例相关健康损害数据库。

（5）"水体污染控制与治理"科技重大专项管理系统

"水体污染控制与治理"科技重大专项管理系统建设的目标是：建立水专项项目及重点课题的在线申报和管理系统，实现项目及重点课题的进展情况、研究成果统计等的动态管理和项目管理人员查询统计功能。

"水体污染控制与治理"科技重大专项管理系统建设的主要内容是：水专项项目及重点课题申报系统；水专项项目及重点课题的项目受理、项目审批备案登记等动态管理及研究成果统计；水专项项目管理人员查询统计系统。

（6）国家环保技术管理信息系统

国家环保技术管理信息系统建设的目标是：为环保技术管理体系建设提供信息技术基础支撑。

国家环保技术管理信息系统建设的主要内容是：建立环境技术专家系统、环境技术信息系统及环境技术管理基础信息系统、技术申报和评估系统。将所筛选的环境技术评估信息、管理信息、示范、推广和环境技术验证信息、专家、支持机构信息制作成为数据库，便于查询和管理。

4. 国际合作信息系统建设

国际合作信息系统建设的目标是：利用信息技术实现对区域环境合作、国际组织合作、双边合作、核安全国际合作和外事管理等业务工作流程进行管理，为实现国际合作业务管理提供技术支持。

国际合作信息系统建设的主要内容是：对各类国际合作和外事管理业务进行信息采集和汇总，建立国际合作信息库；运用信息技术手段，建设国际合作和外事管理业务处理工作流管理系统和信息发布平台，对国际合作信息管理和发布进行业务处理和信息共享；建立国际合作信息发布系统，及时发布有关信息，为领导进行管理决策提供技术支持。

5. 宣传教育信息化建设

（1）全国环境宣传教育信息数据库

全国环境宣传教育信息数据库建设的目标是：建成比较完善的环境宣传教育信息网络，加强环境宣教工作的沟通、交流与信息共享，利用信息技术实现各级环境管理部门对宣传教育和环境新闻等业务工作的管理，为实现宣传教育业务管理提供技术支持。

全国环境宣传教育信息数据库建设的主要内容是：对各级环境管理部门的宣传教育和环境新闻业务进行信息采集和汇总，建立宣传教育信息库；运用信息技术手段，建设宣传教育业务处理工作流管理系统和信息发布平台，对宣传教育信息管理和发布进行业务处理和信息共享；建立宣传教育信息发布系统，及时发布有关信息，为领导进行管理决策提供技术支持。

（2）舆情监测系统

舆情监测系统建设的目标是：全方位地收集国内外与环保相关的信息，了解国际、国内最新的环保动态，并提供相关的评论。

舆情监测系统建设的主要内容是：建设事件媒体分析统计模块，协助对网络媒体报道进行统计分析，功能包括各类媒体报道的数量汇总与分类显示，类别包括：新闻报道、新闻跟帖、论坛发帖、评论文章等。建设国内网络新闻分析子系统，扫描国内各大新闻网站，报刊电子版，对指定新闻事件进行跟踪，并对每个网站的重点栏目新闻进行日常记录监控，提供新闻定向搜索功能。建设国内消息评论分析子系统，将指定专题的跟帖进行扫描和记录、提供日常监控功能、可对消息评论进行定向搜索等。

（3）环境保护机构编制统计系统建设

环境保护机构编制统计系统建设的目标是：通过信息化手段，采用环保部门人事机构录入的方式，实时统计各级环境保护行政主管部门及所属单位的机构编制和人员情况，掌握最新的环保机构编制情况。

环境保护机构编制统计系统建设主要内容是：各级环保部门人事机构网上录入其机构编制情况，形成环保机构编制信息库，方便人事机构人员查询各级环保部门的编制状态，并根据统计信息为机构编制更改提供依据。

附录六：国内外信息化建设典型案例

（一）国外推进信息化建设的实践与经验

1. 美国

美国信息化的历史经历了准备阶段（20 世纪 70～80 年代）、正式起步阶段（1993—2000 年）和全面发展阶段（2001 年至今）。美国推进信息化建设实践主要集中在下述几个方面。

（1）战略政策方面

美国所确立的全球优势与政府推动信息化的公共政策密不可分。美国政府高度重视本国的信息化建设，并把信息化发展战略作为国家总体发展战略的重要组成部分。美国信息化建设的战略目标是：通过继续占据信息技术研发和应用的制高点，提高信息占有、支配和快速反应的能力，从而主导未来世界的信息传播，保持和扩大信息化方面的整体优势。

——国家信息基础设施（NⅡ）战略。1993 年美国政府率先提出“国家信息基础设施”（National Information Infrastructure，简称 NⅡ）计划，即人们俗称的“信息高速公路计划”，其目标是用 20 年时间，投资 4 000 亿美元，完成全国信息基础设施建设，将全美各地的企业、学校、图书馆、医院、政府机关和大部分家庭借助电脑联成一体，实现信息资源共享；并在此基础上进一步使之成为全球信息基础结构的骨架，争取在未来世界信息网络中保持优势地位。从此，发展信息高速公路成为美国联邦政府的一项国策。

——全球信息基础设施（Global Information Infrastructure，简称 GⅡ）计划。1994 年 3 月，美国副总统戈尔在布宜诺斯艾利斯举行的信息技术联盟（ITU）世界电子通信发展大会上发言，首次提出“全球信息基础设施”的概念，并在其倡导的五项原则的基础上提出了 GⅡ 行动纲领。GⅡ 由地方、国家和地区的网络组成。作为“网络的网络”GⅡ将推动全球信息共享，推动全球的相互联系和通信，从而创造一个全球的信息大市场。

——下一代网络计划（Next Generation Internet，简称 NGI）和 Internet Ⅱ计划。NGI 计划是美国前总统克林顿于 1996 年 10 月 6 日宣布的。参加的部门包括美国国家科学基金会（NSF）、国防部（DOD）、能源部（DOE）、航天与空间管理署（NASA）和美国标准与技术研究所（NIST）五个部门。实施 NGI 的意义在于使因特网更新换代，以全面保持美国在信息和通信技术上的领先地位、在科学技术方面的优势、在经济上的发展、在军事上的强大。1997 年 10 月，美国约 40 所大学和研究机构的代表在芝加哥商定共同开发 Internet Ⅱ计划。这个计划不久就被列入 NGI 计划之中，成为它的一个组成部分。其主要内容是为美国的大学和研究机构建立并维护一个技术领先的网络；使下一代网络能充分实现宽带网的媒体集成、交互性以及实时合作的功能；在全球范围内提供高层次的教育和信息服务。

（2）组织机构方面

美国的政府信息化工作是由美国联邦政府统一发起和组织的。联邦政府设有一个专门的组织机构——政府技术推动小组，成员有政府信息化促进协会联盟、IT 产业顾问协会、政府信息技术服务小组、州级信息主管联盟、国家电信信息管理办、国家政府官员协会、政府评估组及首席信息化小组等。政府技术推动小组负责全国的政府信息化管理工作，包括技术推进、法规政策建议、管理投资、改善服务、业绩评估等。美国政府还建立了信息主管制度，联邦政府的首席信息官兼任国家预算管理局第一副局长，政府各部门也同时设立首席信息官，各州政府也都相应有首席信息官。另外，国会也有一个信息委员会，监督政府信息化的执行情况，例如它每半年对国家重大信息化项目评估一次。

美国是世界上最早建立首席信息官制度的国家，对政府信息化的作用和意义有着十分清晰而准确的认识，把政府信息资源数字化、网络化的目标都定位在使政府信息资源能够得到充分开发利用上。在 1996 年颁布的《信息技术管理改革法》（*Information Technology Management Reform Act of* 1996）中，美国就率先提出在联邦政府各个部门设置首席信息官，专门负责各个组织的信息资

（3）高度重视信息安全

德国在信息安全方面是欧洲的典范，主要做法包括三方面。一是有明确的责任部门。德国联邦经济和劳工部下属的联邦电信和邮政总局主要负责联邦电信基础设施的安全维护工作；内政部和其下属联邦信息安全署主要负责信息技术应用方面的安全问题，如互联网安全管理、防病毒入侵和应急处理计算机问题等。联邦安全署还负责对互联网进行内容监管，对需要跨部门协调的工作制订统一的方案。联邦内政部下属的联邦信息安全署设有计算机紧急反应小组，提供每天 24 h 的“应急服务”，解决互联网的安全问题，防止计算机病毒和网络攻击。联邦政府专门成立联邦信息安全办公室，负责处理信息安全方面的技术问题。二是重视运用法律手段。德国联邦经济和劳工部下属的联邦电信和邮政总局在为德国联邦其他部门提供基础电信服务的同时，还负责起草和制定《电信法》和《数字签名法》等法律，并协调联邦政府各部门有效使用数字签名来保障信息安全。联邦政府制订了具体的计划和措施加强互联网的安全，包括颁布了《电子签名法》和《电子商务法》。三是综合运用相关技术措施。德国联邦政府为加强信息安全采取了一系列的措施，包括重大基础设施的保护，增强社会各界的信息安全意识，通过设立安全门户网站为企业和个人提供相关信息和安全工具，增强互联网上的信息安全，开展信息安全认证，推广新的安全技术，与 IT 企业合作开展安全技术趋势研究，大力研发和使用密码技术、安全可靠的构件和生物识别技术等。

3. 日本

日本信息化的特征是从“工业化赶超”升级为“信息化赶超”。在工业化赶超时期是以制造业为主要特征。20 世纪 70 年代，日本传统制造技术水平接近美国，电子技术发展迅速。到 80 年代，日本制造业进入鼎盛时期，形成了以家用电器、汽车和运输设备为主导的制造业。而在信息化赶超时期，即进入 20 世纪 90 年代，自美国政府率先提出“信息高速公路”计划后，著名的野村综合研究所提出了《日本信息技术基础设施建设新政策》，主张将整个建设分为政府部门信息化、民众区域信息化和信息技术研究三大领域来实施。在政府信息化方面，日本主要采取了下列措施：

（1）制定中长期信息化发展战略

1992 年 5 月，日本出台了曼陀罗计划（Mandara 计划）——一个规模更大的日本版“信息高速公路”计划，旨在建设面向 21 世纪的信息基础设施。2001 年 1 月 6 日，日本实施了信息社会的纲领性立法——《高度信息通信网络社会形成基本法》（俗称 IT 基本法）。随后，日本相继提出了国家战略政策性文件“E-Japan 战略”，决心在 5 年内建成世界最高水平的信息通信网，大力发展电子商务，积极推行行政信息化、公共领域信息化，大力培养人才，确保信息通信网络的安全性和可靠性，把日本建成世界上最先进的 IT 国家，占领世界经济发展的制高点。2003 年 7 月，日本又制定了“E-Japan Ⅱ战略”，其目标是“在 2006 年以及 2006 年以后日本将继续成为世界最先进的 ICT（信息通信技术）国家”。E-Japan Ⅱ战略的重点是加快推进现有的基础环境下的信息技术应用。为加速该战略的实施，2004 年，日本制订了 E-Japan Ⅱ政策加速计划，吸引日本民众普遍应用各项信息技术并且推动各政府机关间的电子政务。2004 年底，日本公布细化为普及性（universal）、面向用户（user-oriented）以及独特性（unique）三个方面的 U-Japan 战略，完成了从“E 战略”向“U 战略”的升级。具体任务包括：“实现全民可以舒适利用的网络社会”及“国际合作”；实现可以持续创造新商机及服务的社会并“提供高品质的电子政务”；“确保 ICT 服务的安全性”和“透过 ICT 服务确保社会的安全”；实现“建设任何人都可以自由利用网络的环境”及“促进知识/信息的创造和共享”。

（2）完善信息化法规

2000 年日本政府通过了《日本高度信息网络社会形成基本法》，明确了制定信息化政策的基本方针，实施信息化战略的领导机构及信息化重点计划的基本内容，成为推进日本政府信息化建设的主要法律依据。依据该法规定，日本政府在内阁设置了建设高度信息网络社会的战略总部，负责制订并实施信息网络社会重点计划，对信息化重大实施方案进行审议并制定推进措施。此外，日本还制定修改相关的法律法规，刺激信息技术的研究与开发。自 20 世纪 50 年代以来，为了在高技术领域赶超美国，日本先后制定和修改了《电子工业振兴临时措施法》、《特定电子、机械工业振兴临时措施法》、《特定机械、信息产业振兴临时措施法》及《软件生产开发事业推进临时措施法》等法律法规，刺激信息技术的研究和开发。

（3）积极推进电子政府建设，逐步完善政府各项服务

在网络建设方面，日本政府提出“四级互联网”的概念，即由中央政府、各级地方政府、企业和公众共同构成电子政务网络的四个节点，中央政府和各级地方政府的内联网分别通过因特网与公众、企业连接起来，构成全国统一的、功能完善的电子政务网。

积极推进行政信息的电子化。建立公务人员一人一台电脑或工作站的工作环境；在固有的定型业务中，提高政府工作人员的信息读写能力，使其充分应用信息技术，积极推动业务信息化；在确保信息安全的前提下，提升现有的系统，为政府工作提供能够活用外部信息的资料库；建立行政信息的支援体制，强化政府及工作人员的危机应变及处理能力。

提供网上政府服务，保证行政手续的便捷化。日本政府通过建立中央及地方各级政府机关的网站，对公众提供 24 h 在线的网上政府服务；根据公众需求，建立信息查询目录；建立与公众有关的行政手续、案件审查业务等信息系统。如申请、申报、商谈等业务，均实现电子化、线上服务化，提供电子查询、阅览等，并实现政府网上采购。

促进政府机关内部信息交流的顺畅化。日本政府在各级政府机关之间，开展统一代码、资料项目等标准化工作，开发统一的资料库，加强各省厅间的资源共享；建立省厅间的电子文书交换系统；建立各省厅内通信网络及主管机关与所属机关间通信网络；在中央机关网络与地方公共团体之间，建立最适当的信息交换方式。

（4）推进和完善超高速网络基础设施建设

根据 2000 年出台的 E-Japan 战略及相关文件，日本将以 5 年为期完成全国超高速网络的建设。2005 年要达到全国 4 300 万户居民中至少有 3 000 万户居民可以以 10Mbps 的速度接通高速互联网，有 1 000 万户居民可以利用 100Mbps 的超高速互联网。为了完成这一任务，日本政府做了以下工作。

建立特别融资制度，加快全国光纤网建设，引进以准微波、微波（22GHz、26GHz、38GHz）为特征的新的无线连接系统；推动超高速、无障碍网络在全国尤其是偏远地区的建设；在通信领域，打破电信垄断，引入自由竞争机制。如建立电气通信纠纷处理委员会，制定禁止垄断政策，强化公平交易职能，通过“非对称法规”，对垄断性信息企业实施政府管制等；采取措施保证无线电频率资源使用的公平分配。

（5）强化信息安全保障体系

日本作为亚洲信息化程度最高的国家，十分重视自己信息安全保障体系的强化：20 世纪 90 年代初，开发了自主操作系统内核和选用网络时代的密码算法，构筑牢固的信息安全保护屏障；制定国家信息通信发展战略，强调“信息安全保障是日本综合安全保障体系的核心”，出台《21 世纪信息通信构想》和《通信产业技术战略》；将信息安全保障从防范一般性高技术犯罪提升到保障国家安全的层面，从国家利益的高度强调信息化发展和信息安全问题。2000 年 7 月和 10 月，日本政府分别颁布了《有关信息安全对策的指针》和《为确保电子政府信息安全的行动计划》等法规。2002 年度，防卫厅、警察厅、总务省和经济产业省总共拨出 212 亿日元用于构筑网络安全体系。

（6）多渠道培养信息化高级专业人才

加强学校的信息化专业教育，增设信息化相关课程，扩大培养高学历信息人才的范围，建立软件技术人才的资格考试制度和信息技术资格认定制度；完善吸引国外专业人才的机制，为日本软件产业发展提供良好基础；通过信息技术职业培训及无偿信息化讲座等形式，在全社会普及信息化知识；改革大学教育机制，通过人才交流、讲座等方式培育拥有专门技术、创新能力强，能适应风险变化的多元化人才。

（7）加强信息技术的研究与开发

增加科研经费投入。根据 2000 年 7 月日本政府拟定的“新的科学技术基本计划”（2001—2005 年），政府将投入科学技术研究开发的经费 5 年合计为 23 万亿日元。如此巨额的科研经费投入在日本财政拮据的背景下是非常难得的。

政府对科研项目提供补助。包括：一是政府对项目补贴 50%，企业自筹 50%；二是政府全额支付科研项目的费用，科研成果由政府与开发人员共享；三是政府对项目发放低息或无息贷款。

（二）国内其他部委信息化工作成果及经验

我国的政府信息化工作起步于 20 世纪 80 年代中后期。1984 年，国务院批准国家计委成立了信息管理办公室，负责推动国务院有关部委的信息系统建设工作。1986 年，国务院批准成立了国家经济信息系统领导小组和国家信息中心，负责国家经济信息系统的规划和建设。各个部委局和地方省市县相继成立了信息中心。90 年代以后，我国的政府信息化建设进入了蓬勃发展阶段，特别是金字工程的实施与数字示范工程的开展，使得我国信息化推进工作取得显著成效。所以，研究学习金字工程与数字工程的成功实践经验对于如何推进我国环境信息化建设有着尤为重要的借鉴意义。

1. 金字工程

1993 年，国务院成立了国家经济信息化联席会议，开始实施“12 金”重大信息化工程。金字工程实施的核心目标就是要充分利用信息化手段，深入挖掘利用各种潜在的信息资源，优化和再造业务流程或模式，建立规范的业务管理体系和完善的社会服务体系，从而为科学高效的宏观决策管理提供强有力的保障支持。下面将重点介绍“金农”和“金水”两个行业信息化建设实践及工作成果。

（1）金农工程与农业信息化

① 金农工程概况

金农工程是 1994 年 12 月在“国家经济信息化联席会议”第三次会议上提出的，目的是加速和推进农业和农村信息化，建立“农业综合管理和服务信息系统”。其建设目标为：增强政府宏观调控能力和综合服务能力，增强农民信息意识和信息利用能力，增强农产品国际市场竞争力。金农工程系统结构的核心是金农工程的国家中心。其主要任务：一是网络的控制管理和信息交换服务，包括与其他涉农系统的信息交换与共享；二是建立和维护国家级农业数据库群及其应用系统；三是协调制定统一的信息采集、发布的标准规范，对区域中心、行业中心实施技术指导和管理；四是组织农业现代化信息服务及促进各类计算机应用系统，如专家系统、地理信息系统、卫星遥感信息系统的开发和应用。金农工程系统结构的基础是国家重点农业县、大中型农产品市场、主要的农业科研教育单位，各农业专业学会、协会。

金农工程第一阶段（1995—2000 年）建设主要内容是使用 PSTN、Chinanet、DDN、帧中继、BSTN、VSAT 卫星小站以及电视逆程广播等方式传输数据，使各级、各部门间的信息能够及时地传递、交换和进入数据库；组织、协调、引导信息资源的开发，建立和完善国家级农业基本数据库群；建立农业监测、预测、预警等宏观调控与决策服务应用系统和农业生产形势、农作物产量预测系统；建立防灾减灾系统和农业服务信息系统，研制开发推广有较大经济和社会效益的软件系统和应用工具；建设遥感信息处理系统，包括国家农业遥感中心和区域分中心建设，省级农业遥感站建设，遥感信息处理系统和 GIS 技术应用的开发等；建设示范工程和建设科技教育信息网等。

第二阶段（2000—2010 年）建设的主要内容是扩大信息采集点的规模，总数达到 3 000 个；完善省级农业综合信息传输和处理中心，与金农国家中心的网络互联至少要达到 64Kbps 以上速率；将第一阶段的中心建设内容扩展至省级。

金农工程建设所需投资以中央投入为主导，地方投入为基础，采用国家、部门、地方和社会等多条渠道筹集，以财政拨款为主，银行贷款为辅，利用外资为补充的多种方式解决。金农工程总计投资 12 亿元。第一阶段投资 5.7 亿元，其中各级财政拨款占 87.5%，贷款占 12.5%。第二、三阶段投资 6.3 亿元。

② 实施进展情况

我国自 1995 年提出涉及农业信息化建设的“金农工程”以来，用了 10 年的时间初步建立和完善了国家级农业基本数据库，农业监测、预测与预警等宏观调控与决策服务应用系统，农业生产形势、农作物产销预测系统，对农业发展起了很大作用。到目前为止，我国农业信息化建设已取得了阶段性成效，已进入一个全面快速发展的新时期。主要表现在：

——农业信息化组织体系逐步完善。截至2005年年底，全国所有的省份、97%的地（市）、80%的县级农业部门都设有信息化管理和服务机构，67%的农业乡镇设有信息服务站；依靠农民经纪人、种养经营大户、专业合作经济组织以及社会中介力量等的发展可向农民直接传递信息的农村信息员22万人。

——农业信息网络平台初具规模。初步建成以中国农业信息网为核心，集20多个专业网为一体的国家农业门户网站，全国有3 000多个网站与此建立链接，日均访问量近200万次。全国31个省级农业部门、80%左右的地级和40%左右的县级农业部门建立了局域网和农业信息服务网站。全国41%的乡镇农村信息服务站有计算机并可上网。农业信息服务网络正快速向中介组织、龙头企业、批发市场、乡村以及经纪人、种养大户延伸。2002年投入运行的农村供求信息全国联播系统已成为促进农产品流通的重要平台，目前注册的组织、企业和个人用户已达9万家，覆盖了全国93%的县。

——农业信息采集与资源开发渠道日趋完善。通过抽样调查、典型调查等方式，建立了基本覆盖农业、市场、资源等重要内容的信息采集系统36条，省级农业部门大都建立了定期农业农村经济形势会商制度，信息资源整合开发工作取得较好进展。特别是农业部在2002年6月，为适应农业发展新阶段和加入世界贸易组织的需要，在全国率先启动农产品市场监测预警系统，对小麦、玉米、稻谷、棉花、糖料等主要农产品的生产、进出口、价格供求形势及世界农产品市场态势跟踪监测分析，每月发布监测预警报告，在调控农产品市场中发挥着积极的作用。

——农业信息发布覆盖面逐步扩大。农业部建立以“信息发布日历”为主要形态的信息发布工作制度，形成部属中国农业信息网、农民日报、中央电视台农业节目、农村杂志社和中央农业广播学校等媒体为主、各相关媒体参与的信息发布窗口；各地农业部门也都与有关媒体联合，开辟信息发布渠道，努力扩大信息服务范围。

——电子政务凸显成效。在信息工作推进过程中，伴随计算机网络的普遍推广应用，农业部门的调控引导，监管服务等政务工作发生历史性变化。农业部行政审批综合办公信息系统为申报单位提供“一站式”服务；一些地方农业部门通过网络系统，实现了监管事项的办事程序、过程和结果的二公丌。电子政务工作的开展，使农业部门行政效率得到明显提高。

③ 金农工程的成功经验。

——建立强有力的管理体系。农业和农村信息化是一个涉及多部门、多学科的综合性系统工程。政府相关部门必须给予足够的重视和支持才能有效推广农业和农村信息技术应用。我国目前通过金农工程数十年的建设强化了对农业信息化的组织管理，设立了信息化的管理和服务机构。

——加强信息基础设施建设。基础设施是确保信息化健康、顺利发展的基础和平台，农业信息基础设施建设的目标是建立一个安全、可靠、宽带、多功能、技术领先的数据通信环境，为农业产业发展提供全方位的信息服务。农业信息化的发展应按照集中、统一、规范、效能的原则，集中建设统一兼容、资源共享、高效适用的各级网络中枢平台环境，依托国家公共通信设施，建设高效畅通的农业信息传输通道，初步实现以农业信息网为中心，省、地市、县三级信息网站为辅助的计算机网络。

——广泛开发与利用信息资源。通过加强农业信息资源数据库的建设，丰富、共享信息资源，选择性地开发利用农业信息资源。扩大信息采集覆盖面，根据各单位所获取与积累的科学数据及科学研究成果的特色，统一规划、整合、集成选定各自独具特色的专业方向的信息资源加以重点收集，并优化农业信息资源数据库，大幅度提高农村信息的管理与共享服务水平，为我国农业现代化整体发展和农村科技水平的提高提供可靠的农村信息资源保障。

（2）金水工程与水利信息化

① 金水工程概况。

水利部信息化工作领导小组于 2001 年 4 月明确将水利信息化建设命名为“金水工程”。金水工程的建设目标是：利用 3～5 年时间，广泛开发水利信息资源，基本建成水利信息网、国家水利数据中心和安全体系，全方位构建水利信息基础设施。同时，健全信息化建设运行管理体制，统一标准规范，加强人才培养，营造水利信息化保障环境；基本完成国家防汛抗旱指挥系统一期工程和全国水土保持监测与管理信息系统建设，全面启动水资源管理决策支持系统、水质监测与评价信息系统和水利行政资源管理系统建设，部署其他业务应用系统建设，基本形成水利信息化综合体系，有效解决信息资源不足和资源共享困难，提供满足基本业务需要的信息服务，提高水利行政管理效率。

基本任务包括：建设水利信息基础设施，营造水利信息化保障环境，开发十大重点业务应用，构建水利信息化综合体系。

——水利信息采集系统。通过对现有信息采集系统的补充、完善与整合，提高信息采集时效、增强信息采集能力、丰富采集信息内容、提高系统整体利用率，形成综合信息采集体系。依托各业务建设专项，对各项信息采集范围、内容做出统一部署，按照对现有系统进行整合充实的原则，启动综合信息采集系统的建设，初步满足主要业务应用信息采集的急需。

——水利信息网。建成连接水利行业各级、各部门的全国水利信息网，为业务应用提供数据交换、视频信息传输和语音通信等服务。依托国家防汛抗旱指挥系统一期工程，建设上达中央、下至地市分中心的水利政务外网，实现信息采集节点到各级信息汇集节点之间的互联互通；依托水利电子政务一期工程建设水利部机关至流域机构的水利政务内网，实现涉密信息和办公信息的传递。

——水利数据中心。水利数据中心由国家水利数据中心、流域分中心和省（自治区、直辖市）数据管理节点共同构成，在水利信息汇集、存储、处理和服务的过程中发挥核心作用，是构成完整基础设施体系的重要部分。通过水利数据中心建设，实现信息资源的共享和优化配置，满足业务应用多层次、多目标的综合信息服务需求。

——业务应用系统。水利业务应用系统以国家防汛抗旱指挥系统、水资源管理决策支持系统、水土保持监测与管理信息系统、水质监测与评价信息系统和水利行政资源管理系统建设为重点，使其初步满足水利业务应用需求。全国由于各流域和省（自治区、直辖市）所处的地理环境、经济社会发展水平、管理范围和层次不同，各业务系统在不同节点上的应用需要各有侧重，各级应用系统要根据当地的实际情况和不同应用目标有针对性地建设。

——保障环境建设。水利信息化保障环境由水利信息化标准体系、安全体系、建设及运行管理、政策法规、运行维护资金和人才队伍等要素共同构成。保障环境是水利信息化综合体系的有机组成部分，是水利信息化得以顺利进行的基本支撑。为保证水利信息基础设施与业务应用系统建设的顺利进行、运行的持续稳定和作用的有效发挥，保障环境的建设必须与之相结合、相协调，并适度超前。

② 工程进展。

近年来特别是“十五”期间，随着治水新思路的逐步实践，金水工程得到了较快发展。

金水工程启动了以国家防汛抗旱指挥系统一期工程、全国水土保持监测网络与信息系统（一期）、水利部及七大流域机构的水利电子政务一期工程、水资源实时监控系统试点建设为标志的水利信息化专项工程建设。

在长江干堤加固工程、治太工程、治淮工程、塔河、黑河流域水资源综合规划与生态环境保护工程、首都水资源保护工程等一批大中型水利工程建设中开展了信息化配套项目建设。

利用国外政府或组织的贷款或赠款，在一些获得资助的工程项目中，也不同程度实施了信息化配套项目建设，如长江防洪决策指挥系统、长江防洪智能应急响应系统、汉江防洪预警、黄河防洪、松花江防洪、湖南湖北江西三省城市防洪项目，新疆塔里木、河西走廊、陕西关中、四川、黄淮海平原等地的灌区节水改造项目，黄土高原、福建、黑龙江、吉林水土保持项目，小浪底水利枢纽（二期）移民项目，部分人力资源培训与合作交流项目。

配合部分国家重点水文站网的技术改造，也加强了雨情、水情、工情灾情信息采集、报汛传输能力建设。部分流域还多渠道筹集资金，开展了数字流域的试点建设工作，积极探索和引进了许多信息化工作的新技术、新方法、新经验。如数字黄河、数字长江、数字海河等项目的建设。

③ 金水工程的成功经验。

——领导高度重视。水利信息化建设是一项综合性强的前沿性系统工程，不仅涉及人、财、物的投入，而且涉及人们思想观念、传统管理方式以及工作习惯的变革，甚至涉及利益的调整、业务的重组和工作的协调。只有各单位领导的重视，才能形成上下一致、协调发展的局面，才能充分调动各方面的积极性发展水利信息化建设。

——需要科学的规划和标准。规划和标准是水利信息化的基础，是项目建设的依据。凡是有一个统一的规划并按照统一标准实施的信息化项目，其成效就显著，否则，即使建设者的热情再高、投入的资金再多，也只能在低水平上重复建设，很难形成规模和实现信息共享。正是国家编制了《金水工程“十五”计划及到 2010 年规划纲要》和《金水工程“十一五”规划思路》，为金水工程指明了方向，才使得工程卓有成效。

——资金投入要有保证。水利信息化的建设要有正常的资金投入渠道，既要有建设资金，又要有系统运行维护资金，以保障系统建设的有序发展和系统的正常运转。一些单位在系统建设中采取以水利工程建设带动水利信息化建设的经验值得总结和推广。

2. 数字工程

随着“数字地球”和“数字中国”战略的提出，“数字国土”、“数字海洋”、“数字交通”、“数字黄河”、“数字城市”等一系列数字示范工程在中国应运而生。其中“数字黄河”与“数字国土”作为较为成功的数字工程案例可以为数字环保提供重要的参考和借鉴意义。

（1）数字黄河

①“数字黄河”概况

2001 年 7 月，黄河水利委员会（简称黄委）正式提出建设“数字黄河”工程。“数字黄河”的目标是通过全数字化数据库平台的构建，建立黄河流域及其相关地区的数字化研究环境，采用数学模型对黄河治理开发和管理的各种方案进行模拟、分析和研究，从而全面提升治黄决策的科技水平和决策的预见性、准确性。

“数字黄河”工程是一项复杂而且庞大的系统工程，“数字黄河”工程覆盖了黄河流域及其相关地区，涉及黄河治理开发的各项业务，其建设包括信息采集、传输、存储、信息标准与管理、应用系统等。“数字黄河”工程总体框架（如附图 5 所示）主要包括基础设施、应用服务平台、应用系统以及标准规范体系和工程保障体系等。其中：

基础设施主要是完成各类信息从采集到数据的处理和存储全过程的软硬件的有机组合，是“数字黄河”工程建设的基础。通过分布于黄河上下的各水文站点广泛采集“数字黄河”工程所需的基础数据，通过覆盖全河的宽带计算机网络，快捷、实时地将采集的数据传输到数据存储与处理系统。

应用服务平台是“数字黄河”工程资源的管理者，也是服务的提供者。它由数据仓库、知识库、模型库和数据存取接口、应用服务中间件等部分组成。应用服务平台是一个开放的资源共享、应用集成以及可视化表达的公用服务平台，是业务应用的重要支撑。

在可视化的应用服务平台基础上，开发了防汛减灾、水量调度、水资源保护、水土保持、工程建设与管理、电子政务等应用系统，为治黄业务提供专业决策支持和信息服务。基于三维仿真技术的应用，为黄河决策会商提供了三维可视化的功能。

政策法规、标准规范体系等是实现“数字黄河”工程的保障和支撑。在项目建设的同时，从制度上和组织上落实了对工程建设的管理，建立严密的工程建设组织管理体系、工程运行维护管理体系，更重要的是建立一套符合黄河流域信息化建设特色的标准规范体系。

综合决策支持是“数字黄河”服务功能的最高层次的应用，它以各专业应用系统为主体，通过应用虚拟仿真技术为各应用集成提供模拟分析的软硬件环境和虚拟现实、业务仿真的可视化环境，完成对治黄业务工作的监测、分析、研究、预测、决策、执行和反馈的全过程。

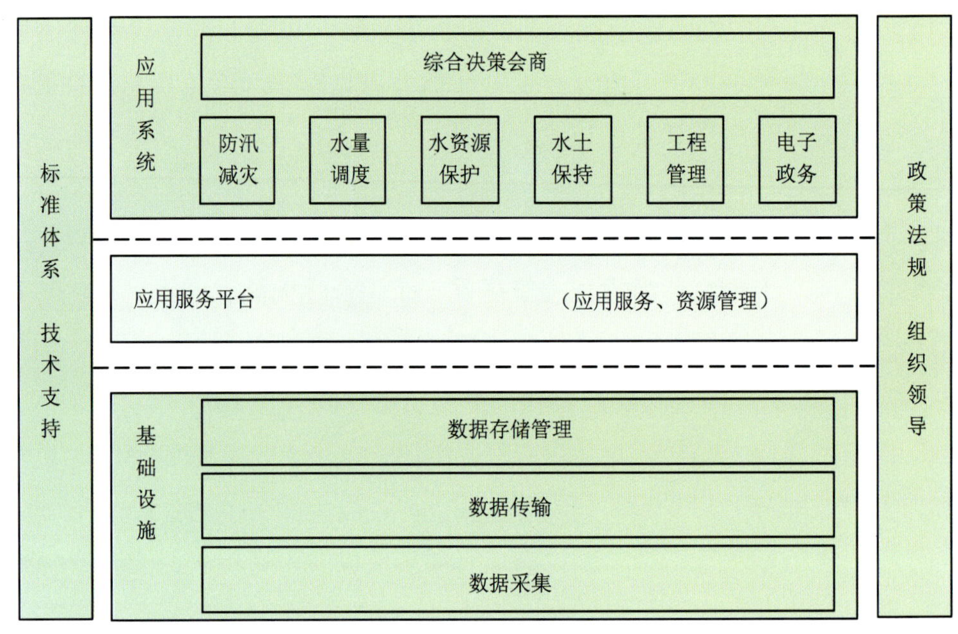

附图 5 “数字黄河”工程总体框架（来源：计算机世界）

从总体框架图中，我们可以看出“数字黄河”工程的各个组成部分，其中基础设施、应用系统、应用服务平台是“数字黄河”工程的基本组成部分。

基础设施主要有数据的采集、传输和存储三项建设内容。数据采集系统是以先进的数据采集技术为手段，以满足治黄业务应用需求为目的，为“数字黄河”工程的建设与发展、黄河防洪减灾决策、黄河流域的规划与管理、黄河水资源的合理配置、黄河水文泥沙研究等，获取所需要的空间数据与属性数据。数据传输系统则是依托光缆、数字微波、通信卫星、公共电信网等通信资源，采用“公专结合，优势互补”的模式，利用先进的计算机网络技术，根据数据采集量测算网络需要的带宽及有关参数，选择合适的通信方式，在现有黄河广域计算机网络的基础上，组建覆盖全河各单位和沿黄各省区的，能够提供有效的数据、语音、动态图像等信息传输的高速计算机网络，实现全河各部门网络间的互联互通。数据存储系统是指采用存储区域网络（SAN）、元数据、数据仓库等技术，建设服务于各主要业务单位的专业数据分中心以及黄河数据中心，形成黄河信息存储管理体系。

应用系统主要包括防汛减灾、水量调度、水质监控、水土流失治理与监测、水利工程建设与管理、电子政务六方面建设内容。决策支持是“数字黄河”服务功能最高层次的应用。它以各业务应用系统为主体，完成对黄河水事活动的监测、分析、研究、预测、决策、执行和反馈的全过程。通过建立决策会商机制，协调不同应用系统及不同层次的决策，使黄河重大问题的决策、规划能够在“数字黄河”上预演，为领导决策提供一个综合性的具有三维可视化功能的决策会商环境，使领导能在较短的时间内，全面了解和掌握治黄问题的实质和情况，为领导制定科学正确的决策提供支持。

应用服务平台是实现共享机制的关键，其主要功能是应用服务和资源管理，逻辑上由业务应用中间件、数据服务中间件、空间信息处理中间件及数据仓库、知识库和模型库等构成。应用服务平台是为应用系统的建设提供具有信息共享、功能复用以及分布式对象间互操作等功能的开发和运行平台。

② “数字黄河”工程取得的成就

“数字黄河”工程经过 5 年的厚积薄发，在信息采集、通信网络和数据存储等基础设施的支撑下，已部分建成的六大业务应用系统在黄河治理开发与管理中发挥了重要的作用。“数字防汛”的典型系统如黄河洪水预报系统、预报调度耦合系统、黄河下游工情险情会商系统、防汛网络视频会议系统等在 2006 年桃汛洪水冲刷潼关高程、调水调沙和防汛期间得到了充分应用，更加及时的信息采集和更加精确的水文预报，使防汛调度更加科学、决策更加合理。“数字水调”系统在 2006 年防止黄河中游出现超警戒低流量、合理调配水资源、引黄济津和引黄济淀工作中连续运行，保证了水量调度和水资源管理工作的顺利进行；黑河水量调度系统在当年调水入东居延海的工作中再立新功。数字水资源保护系统、数字水土保持系统、数字建管系统和电子政务系统也已成为各自业务工作中不可或缺的工具。

经过两年多的调研、论证与建设，黄河超级计算机中心高性能计算平台于年内建设完成并投入运行，开始在中尺度降水预报和河道二维水流泥沙计算中发挥作用。国家防汛抗旱指挥系统水情分中心的建设基本完成，政务内网和政务公开系统建设已正式展开，工程建设管理招投标系统建设完成并投入运行，水环境信息管理系统正式投入运行，水土保持生态监测系统一期工程的遗留问题处理取得突破性进展。

此外，“数字黄河”工程还荣获2006年度“中国信息化建设项目成就奖”，得到了全国IT界的广泛认可。

③ “数字黄河”的成功经验

——以一系列的科学理念和原则为指导。“数字黄河”工程在5年信息化建设实践中催生并丰富了一系列的科学理念，包括“需求牵引，应用至上”、“统一规划，分步实施”、“以我为主，博采众长”、“整合资源，共建共享”、“统一领导，统一规划，统一组织，统一管理”、“管理、应用、共享”和“完善、提高、拓展”等。这些理念不仅有效地指导了“数字黄河”工程建设，保证了“数字黄河”工程的建设成果达到世界先进水平，而且在黄河治理开发与管理的其他方面也产生了积极影响。

——领导充分认识信息资源共享在“数字黄河”工程中的重要意义。按照“数字黄河”工程《资源共享管理办法》，各级领导在全力推动本单位资源共享工作的同时，还积极支持单位之间和业务之间的资源共享工作。

——拓宽投资渠道，合理安排资金。在水利工程的立项、设计和资金安排中，纳入信息化建设内容，将“工程带信息化”的投资方式转变为“工程有信息化”的方式，密切信息化项目与水利工程项目间相互支撑的关系。加大信息化建设前期经费的投入，确保规划和总体设计阶段的资金需要。加强信息化建设资金使用的管理力度，避免资金分散投入、分散使用、分散管理，确保“数字黄河”工程建设资金的统筹安排及合理使用。

（2）“数字国土”与国土资源部信息化建设实践

“数字国土”是指信息化的国土，是指将国土资源的每一个信息点按空间位置加以整理，使之数字化，可视化，构成完整的国土资源信息模型，是一个多维的，多分辨率的面向不同利用群体的系统。“数字国土”工程是指将国土资源的各种基础信息进行科学整合，使之成为不同利用类型的数据库，为政府宏观经济决策和科学管理以及资源的合理利用提供依据。国土资源信息化既是我国国民经济与社会信息化的重要组成部分，也是实现国土资源管理现代化和促进国土资源事业发展的关键。其对于促进国家社会经济可持续发展，优化资源利用结构，保障国家资源（经济）安全，具有极为重要的意义。由于国土资源信息具有全面覆盖空间信息的特点，决定了其在整个国家信息化中处于基础地位，因此，国土资源信息化在国民经济和社会信息化建设中起着关键环节和基础平台的作用，而“数字国土”也是“数字中国”、“数字地区”、“数字城市”等建设的基础支撑和重要依托。

国土资源部建部之初就将“加强信息系统建设，实现信息服务社会化”列为五大目标任务之一，成立了由“一把手”亲自挂帅的部信息化领导小组及其协调办事机构（领导小组办公室）和组织实施机构（信息中心），并在新一轮国土资源大调查计划中设立了“数字国土”工程。目前，在国土资源部的统一领导和统筹规划下，在全国国土资源主管部门的高度重视和大力推动下，全国国土资源信息化建设已步入全面推进、加快发展阶段。国土资源部信息化建设实践中其值得借鉴的做法主要有：

① 设立工作目标，明确工作任务，设计操作性强的实施方案

编制了《国土资源信息化“十五”规划和2010年远景目标（纲要）》（以下简称《规划纲要》）和《全国国土资源政务管理信息系统与信息服务系统建设总体方案》（以下简称《总体方案》）。

《规划纲要》提出了国土资源信息化建设“统一领导、统筹规划、统一标准、信息共享、服务管理、面向社会”的24字指导方针，以及“以满足国家社会经济发展和国土资源管理的需要为宗旨，在现代信息技术的支持下，建立结构完整、功能齐全、技术先进并与国土资源工作现代化要求相适应的国土资源信息系统，形成完善的国土资源信息化体系，全面实现国土资源调查评价、政务管理和社会服务三个主流程的信息化”的总体目标。《总体方案》则进一步明确了国土资源信息化建设的具体模式、方式和内容，确定了全国国土资源政务管理信息系统与信息服务系统的基本框架，阐述了系统的体制结构、建设模式、功能，以及具体的技术路线和保障措施。在《规划纲要》和《总体方案》的指导下，按照国土资源部的统一部署和要求，全国31个省（区、市）、5个计划单列市和新疆生产建设兵团国土资源主管部门也先后编制完成了省级国土资源信息

化建设规划与总体方案，明确了各地的国土资源信息化建设基本思路、系统框架、目标任务和具体的推进措施。

② 加强机构建设，开辟资金渠道

各省级国土资源主管部门普遍加强了对信息化建设工作的统一领导和组织实施。到目前为止，各省（区、市）、计划单列市和新疆生产建设兵团均成立或充实了厅（局）信息化领导小组和领导小组办公室，且大多实行“一把手”负责制；除 5 个厅（局）外，均成立了信息化建设机构。1999 年始国土资源大调查时信息化经费 9 000 万元/a，后一直保持此规模。

③ 紧贴国土资源管理需求，开展政务管理信息系统建设

各级国土资源行政主管部门根据实际业务的需求，逐步开展政务管理信息系统建设，如推广开发矿业权管理信息系统、国家级土地利用规划管理信息系统以及综合统计、人事管理等信息系统，这些系统极大地推进了国土资源部的政务管理办公自动化和“窗口式”办公，提高了国土资源管理工作效率，并取得了良好社会效果。

④ 优先开展网络和标准建设，夯实信息化基础能力

为了有力保障信息系统和数据库建设的顺利进行，加强了网络和标准等信息化基础工作，国土资源部机关和一些直属单位已完成局域网建设。多数省（区、市）、计划单列市和一些地（市）、县（市）国土资源主管部门的局域网也已建成或正在建设之中。全国国土资源主干网络系统建设正在逐步开展，国土资源部西四新办公楼大型网络系统已投入使用并运转正常。

遵照标准先行的原则，一批急需的行业性标准和规范正在按计划抓紧制订。初步拟定了《国土资源信息化标准化指南》，近 30 项基础性标准基本完成，其中《县（市）级土地利用数据库标准》、《城镇地籍数据库标准》、《地质图空间数据库工作指南》、《矿产地数据库建设工作指南》、《地质资料报告电子文档文件格式》、《地质资料数字化制作规范》等标准已经试行。数字国土工程中开展的主要项目都制定有相应的工作标准，保证了数据库建设和系统开发的规范性、一致性。

⑤ 积极推进开展国土资源信息交换体系建设和试点示范建设

为解决国家与省级部门之间的数据实时交换，实现国土资源信息的共享，组织开展了全国国土资源信息交换体系建设，通过数字国土工程项目的延伸，加强各地国土资源数据中心、厅（局）局域网和网站的建设，并把统一数据格式、形成国土资源信息汇交、管理和运行维护的机制确定为信息交换体系建设的重点。为推进地方信息化建设，初步拟订了全国国土资源信息化试点示范建设工作方案，并选定了第一批省、市、县级单位开展数据中心规划、地籍规范化等方面的试点示范建设。